Khamis Kak

Deteção de alterações de LC usando RS e GIS na área de Goz Rum, Sudão do Sul

Khamis Kak

Deteção de alterações de LC usando RS e GIS na área de Goz Rum, Sudão do Sul

ScienciaScripts

Imprint

Cover image: www.ingimage.com

This book is a translation from the original published under ISBN 978-620-2-05497-3.

Publisher:
Sciencia Scripts
is a trademark of
Dodo Books Indian Ocean Ltd. and OmniScriptum S.R.L publishing group

120 High Road, East Finchley, London, N2 9ED, United Kingdom
Str. Armeneasca 28/1, office 1, Chisinau MD-2012, Republic of Moldova, Europe
Printed at: see last page
ISBN: 978-620-7-74881-5

Dedicação

Para a minha pequena família, a minha mulher Ferdous, os meus filhos Phillip e Dojowk.
À minha grande família, à minha mãe Rebecca, aos meus irmãos e irmãs.

RECONHECIMENTO

Estou muito grato ao meu supervisor principal, Dr. Muawia Elbedawi Hamad, que passou muito tempo a mostrar-me todos os pormenores da viagem de campo e escreveu uma carta oficial que me permitiu passar os postos de controlo entre a República do Sudão e o Sudão do Sul. Estou muito grato por toda a ajuda que me deu, bem como pela sua supervisão desta investigação.

Dr. Abdelmagid Ali Elmobarak, da Agriculture Research Corporation (ARC) Wad Medani, pela sua preciosa informação e orientação em matéria de técnicas de Deteção Remota e Sistema de Informação Geográfica (SIG).

Os meus mais sinceros agradecimentos aos meus colegas e amigos da Agricultural Mechanized rain-fed em Renk County pela sua ajuda, instalações e paciência durante dois dias, guiando-me através do esquema de agricultura mecanizada de sequeiro de Goz Rum.

Este trabalho não teria sido concluído sem a contribuição de muitas instituições e indivíduos, entre os quais estou em dívida para com o Dr. Khaild Biro do Centro de Investigação Hidráulica Wad Medani que me forneceu toda a informação sobre Deteção Remota e Sistema de Informação Geográfica que me ajudou a gerir as imagens através do ENVI4.7 e do ERDAS 9.5.

Os meus agradecimentos especiais aos meus colegas do ARC, Sr. Hosam e Mohammed Ahmed Zain, pela sua ajuda na classificação das imagens e na utilização do ArcGIS 10.3.

Resumo

As ordens de solo mais dominantes na área de Goz Rum são os Vertisols (conhecidos como solos de algodão preto) e Entisols, que incluem solos jovens de menor desenvolvimento, como os Gozes de areia. A agricultura mecanizada de sequeiro começou na década de 1970 e a maior parte da população nativa dedica-se à agricultura, às actividades florestais e à criação de animais. Recentemente, devido ao fraco rendimento das culturas, ao aumento da população, à rápida expansão da agricultura mecanizada de sequeiro, à variabilidade da precipitação e aos frequentes períodos de seca, a área é suscetível de degradação e deterioração do solo. Os objectivos do estudo consistiram em detetar a alteração da ocupação do solo durante 30 anos (1984 a 2014) e produzir mapas de ocupação do solo (LC) da área de estudo. A ocupação do solo de Goz Rum está dividida em quatro classes: solo arenoso, solo argiloso, cobertura vegetal e recursos hídricos. O estudo foi coberto pelo Google Earth com uma resolução do solo de 40 m e as coordenadas foram registadas. Foram descarregadas três imagens através do Earth Explorer (EE) e do United States Geological Survey (USGS). Duas imagens foram tiradas do Landsat-5 thematic mapper (TM) 1984 e 1994; a outra foi tirada do Landsat-8 Operational Land Imager and Thermal Infrared Sensor (OLI-TIRS) 2014 no caminho 173 e linha 52, assim como as coordenadas das classes LC foram tiradas no campo por GPS. Os programas ERDAS IMAGINE 8.5 e ENVI 4.7 foram utilizados para classificar as imagens após o processamento da técnica FCC. Foram utilizados dois tipos de classificação Classificação supervisionada e não-supervisionada, além do uso do ArcGIS 10.3 para exportar os tracks dos waypoints para a imagem de 2014, para garantir que as coordenadas coincidissem com as obtidas do Google earth. Os resultados do estudo mostraram que a avaliação global da exatidão foi de 99,6% e revelaram que a área coberta por areia aumentou 10% e a de solo argiloso 16,8%, enquanto a cobertura vegetal e os recursos hídricos diminuíram 23,2% e 0,34%, respetivamente (1984 a 2014). Em conclusão, os resultados mostraram que se registou um aumento do solo argiloso porque algumas áreas de coberto vegetal foram transferidas para solo argiloso, em resultado do desmatamento do coberto vegetal, que, por sua vez, pode ser vulnerável à formação de areia. Aumentar a consciência dos agricultores sobre os factores que causam a degradação da terra é essencial para conservar e proteger a terra da desertificação. É necessária mais investigação para descobrir as razões do aumento da areia na área e como controlar este problema.

ÍNDICE DE CONTEÚDOS:

CAPÍTULO 1

INTRODUÇÃO

1.1 Introdução geral

Muitos agricultores em todo o mundo estão a utilizar bem as suas terras e de forma sustentável, com base na experiência de gerações. Outros estão a fazer o mesmo com base em conselhos de extensão ou em resultados experimentais. Mas, em muitos locais, novas terras são desbravadas para fins agrícolas, pelo que a utilização das terras e dos solos sofrerá grandes alterações devido às actividades humanas ou às pressões económicas (FAO, 1997). A alteração da ocupação/utilização do solo torna-se um fator essencial para atualizar o planeamento estratégico para a deteção de alterações na utilização do solo e na gestão dos recursos naturais.

A área de estudo situa-se no condado de EL Renk, Estado do Alto Nilo, Sudão do Sul, que foi separado da República do Sudão em 2011. A população aumentou na cidade de EL Renk, situada na parte norte do Estado do Alto Nilo, que possui uma extensa planície associada aos afluentes do Nilo Branco e que se estende em direção ao planalto e à região montanhosa dos Estados Equatoriais, sendo geralmente referida como a planície argilosa do sul (Blokhuis, 1993). Esta planície argilosa do Sul do Sudão é provavelmente uma planície de origem fluvial.

O condado de EL Renk faz fronteira com três Estados do Sudão: Nilo Branco a norte, Sennar a nordeste e Nilo Azul a leste; e partilha a fronteira com três condados do Estado do Alto Nilo, Manyo a oeste, Melut a sul e Maban a sudeste (Fig. 1.1).

Existe uma agricultura mecanizada de sequeiro na zona, que começou no início da década de 1970, tendo sido estudada e demarcada pelas equipas de inspectores do Departamento de Levantamento do Solo (SSD) de Wad Medani.

Existe um grande número de gado que se desloca do sul para o norte e vice-versa, consoante a estação do ano. Assim, após a criação dos sistemas mecanizados e de irrigação, foram criados corredores para o gado se deslocar para leste da cidade de EL Renk. Existem campos de gado na zona mecanizada que ajudam as pessoas a tirar partido do excesso de vegetação e de água nalguns Hafirs. A expansão da agricultura mecanizada de sequeiro e o grande número de cabeças de gado na zona provocaram uma maior degradação da vegetação natural e das pastagens.

Além disso, o fabrico de carvão vegetal, o sobrepastoreio e a recolha de lenha a várias distâncias em redor das aldeias causaram uma maior deterioração (Reija **et al.**,2012). Os rendimentos das culturas estão a diminuir continuamente devido à degradação do solo, o que significa um processo que reduz a capacidade atual ou potencial da terra para produzir rendimentos (Fig. 2.2).

A FAO/PNUMA (1999a e **1993b**) afirmou que a perda de nutrientes, a compactação do solo, a erosão e a monocultura, sem a utilização de fertilizantes, a irregularidade das chuvas, a má qualidade das sementes e a falta de serviços de extensão resultaram em baixos rendimentos das culturas. A degradação do ambiente está a provocar a desertificação e a escassez de recursos hídricos. (Abu Baker e Ismail, 2015). As principais culturas cultivadas na zona são o sorgo (dura), o sésamo e o amendoim.

A área de estudo é composta principalmente por depósitos superficiais de argila (aluvião) do Nilo Branco (Whiteman, 1971). Estes depósitos estão sobrepostos a areias não consolidadas com geologia sólida por baixo do Complexo de Cave Pré-Câmbrico de rochas intermédias. A sua composição mineralógica consiste em biotite e plagioclase abundantes, mas sem a presença de piroxénio (Beinroth e Dummler, 1964).

Fig.1.1: As fronteiras entre o condado de El Renk e 3 Estados do Sudão e 3 condados nos Estados do Alto Nilo, Sudão do Sul.

Fig. 1.2: Mostra o pobre povoamento de Dura (sorgo) em Goz Rum.

1.2 Solos

Os solos argilosos fazem parte da planície argilosa central do Sudão. Pensa-se que derivam dos aluviões do Nilo Azul. Originalmente, estes sedimentos do Nilo representam rochas ígneas básicas altamente desgastadas das terras altas da Etiópia em condições mais húmidas, transportadas e depois depositadas em condições mais áridas.

As principais limitações gerais da produtividade da terra são o baixo teor de azoto, quando a água não é limitante, e a elevada sodicidade (Hashim A. Dawoud, 1972). Existem principalmente argilas arenosas, uma vez que a areia que acabou por formar as dunas de areia soprou na direção noroeste, talvez há cerca de 7000 anos (Reija **et al.,** 2012).

A leste das formações de Goz, na área agrícola mecanizada, existem argilas escuras, conhecidas como solos de algodão preto ou Vertisols, que racham quando secas e incham quando molhadas, com uma origem aluvial. Também existe uma ordem Entisols que é jovem de desenvolvimento recente.

A mineralogia de argila da área de estudo é dominada por argilominerais esmectíticos (2:1), principalmente do tipo montmorilonítico, que é um mineral de argila expansiva (Blokhuis, 1993).

1.3 Clima

A área de estudo situa-se na zona climática semi-árida do Sudão (Thornthwaite, 1948 e Van der Kevie, 1976).

É quente e seco, com chuvas de verão e uma estação fria e seca de inverno. A estação das chuvas começa em abril ou maio e termina em finais de outubro ou novembro, com chuvas fortes em julho e agosto (meses húmidos) e a distribuição da precipitação é irregular e varia de estação para estação (Stephen, 2015). A precipitação média anual varia entre 400 e 650 mm, a temperatura média anual é de cerca de 28° C, com uma média diária máxima de 40° C em abril e uma média anual mínima de 15° C em janeiro (Anexo 1).

1.4 Vegetação e recursos hídricos

De acordo com a classificação do (John, 2011) para a cobertura do solo no Condado de EL Renk, as áreas totais de Agricultura, corpos de água naturais ou artificiais sazonais e perenes, árvores fechadas para reposição, árvores herbáceas, arbustos, terra nua e rocha e outro material não consolidado e áreas urbanas no Condado de Renk 263.616, 5.592, 153.321, 392,69, 193.126, 1.717, 2.072 hectares, respetivamente.

De acordo com (Harrison e Jackson, 1958), a área de estudo situa-se dentro da faixa de savana florestal, cuja vegetação natural é caracterizada por árvores como **Acacia melifera** (Kiter), **Acacia seyal** (Talh), **Acacia senegal** (Hashab), **Acacia nilotica** (Sunut) e **Balanites aegyptiaca** (Higlig) e gramíneas **Cympologon nervatus** (Naal) e **Sporobalus nelvolus**, (Ankog) e **Sorghum spp**. (Adar) apareceram no solo Azaza ligeiramente a não rachado (Fig.1.5).

O principal tipo de vegetação do barro ranger foi classificado em duas grandes subdivisões. 1- Alternando com zonas de gramíneas, as gramíneas dominantes eram **Cympologon nervatus** (Nal). 2- **Acacia seyal** (Talh), **Acacia compylacantha** (Kakamout). **Delbergia melanoxylon** (Ébano) predomina com muito poucos Kurmut, **Carparis decidus** (Tundub) (Fig.1.4). A palavra Goz, derivada da palavra local, significa a (duna de areia). É a principal área de onde se obtém a goma-arábica através da extração da **Acacia senegal** (Hashab), que cresce facilmente na região (LaVerle, **et, al.,** 2015).

Fig. 1.4: Árvores Higlig em Goz Rum (**Balanites aegyptica**)
Fig.1.5: Pequenos reservatórios de água de Hafirs.

1.5 A razão do estudo:

Devido ao rápido crescimento da população, ao aumento do número de animais domésticos, à rápida expansão horizontal do sistema agrícola mecanizado de sequeiro, os períodos frequentes de seca e a variabilidade da precipitação são considerados os principais factores de degradação do solo na cidade de EL Renk (Abu Baker **et al.,** 2011). Assim, a área tornou-se suscetível à desflorestação, aos incêndios, à degradação dos solos, ao sobrepastoreio, à alteração das terras e à expansão da cidade em direção a sistemas agrícolas. (Reija **et al.,** 2012).

A técnica de deteção remota fornece dados valiosos sobre a ocupação do solo a nível local ou regional, desde o passado até à atualidade. A composição e a alteração da ocupação do solo são importantes para muitas investigações científicas e avaliações socioeconómicas (Xian **et al.,** 2009).

A área de estudo foi escolhida para detetar a mudança nas classes de cobertura do solo de 1984 a 2014, com foco na descrição da areia (solo arenoso), solo argiloso, vegetação e fontes de água (corpos d'água) usando os dados de sensoriamento remoto e técnicas de SIG.

1.6 Objetivo geral do estudo:

O principal objetivo é detetar a alteração da ocupação do solo em Goz Rum para o período de 1984 a 1994, 1994 a 2014 e 1984 a 2014.

1.6.1 Objetivo específico:

1- Produzir mapas de ocupação do solo das zonas de estudo que mostrem a alteração da ocupação do solo.

2- Identificar as implicações da alteração da ocupação do solo no ambiente natural e nos meios de subsistência das populações locais.

3- Utilizar a deteção remota e o SIG na deteção de alterações na ocupação do solo.

CAPÍTULO 2

REVISÃO DA LITERATURA

2.1 Introdução:

Várias regiões do mundo estão atualmente a sofrer alterações rápidas e abrangentes na cobertura do solo (FAO, 1997). O estudo do impacto da agricultura mecanizada alimentada pela chuva em algumas propriedades físicas do solo argiloso, área do condado de Renk, Goz Rum Sudão do Sul durante 2015, onde os solos da área de estudo são classificados como um Entic Chromustert, Montmorillonitic, isohyperthermic. O estudo mostrou que o solo cultivado acumulava areia numa percentagem mais elevada (valor médio de areia 22,0%), em comparação com o solo não cultivado (valor médio de areia 17,0%) (Abu Baker **et al.**, 2015).

Há provas de que o solo cultivado foi objeto de má gestão, incluindo a desflorestação e a utilização de máquinas e alfaias agrícolas inadequadas (Abu Baker **et al.**, 2015). A remoção completa da cobertura vegetal durante a limpeza do campo deixou o solo nu e exposto à erosão eólica e acelerou a sua erodibilidade. Consequentemente, a estabilidade do solo foi reduzida e este ficou exposto à erosão eólica e hídrica (Deyanira, 2003). Da mesma forma, no estudo da utilização do solo na área da Península de Lakki em Lagos, Nigéria, (entre 1964 e 2003) realizado por James **et al.**, 2009, foi utilizada a teledeteção para analisar a deteção de alterações na utilização do solo. O estudo revelou enormes alterações na expansão urbana em resultado do grande afluxo de pessoas à zona, com um declínio na extensão dos ecossistemas, como as zonas húmidas e os habitats de vida selvagem, e a perda de vegetação, deixando espaço aberto (terra nua).

Outro estudo foi realizado na área de Shomadi, na parte sul de Goz Rum no Sudão do Sul, (Abu Baker **et al.**, 2015) onde as amostras de vegetação foram recolhidas utilizando o método do quarto centrado no ponto (PCQ) para determinar o parâmetro sobre a vegetação da área de estudo, como a dominância e a densidade das espécies vegetais. Este estudo mostrou que o fator humano é o principal responsável pelas alterações da cobertura vegetal. Os factores naturais também promoveram o uso/cobertura do solo (LU/LC), sendo a opinião popular que a expansão do cultivo é a principal força de limpeza da vegetação e de degradação ambiental. Noutro estudo semelhante na área de Shomadi sobre a dinâmica das actividades humanas e o seu impacto no LU/LC durante o período 1972-2005 (Abu Baker **et al.** 2011), em que os dados de satélite e vários processos são utilizados para obter mapas de alterações do LU/LC. O estudo revelou que a conversão de vastas terras florestais em terras de cultivo influenciou negativamente os ecossistemas naturais bem equilibrados. A queda do rendimento e o fracasso das colheitas levaram a um aumento do nível de pobreza. Assim, muitos agricultores transferiram o seu trabalho para actividades florestais, pelo que a diminuição contínua das terras florestais e das massas de água provocou alterações na vegetação e na hidrologia. Além disso, a dinâmica populacional e o aumento dos recursos animais exerceram uma grande pressão sobre o coberto vegetal. Um estudo realizado por Mengistu e Salami (2007) na Nigéria, utilizando RS e GIS na cartografia LU/LC e na deteção de alterações, revelou uma diminuição da floresta e da savana derivada e um aumento correspondente de arbustos, terras agrícolas, povoações e terra nua. (Gebreslassie, 2014), na Etiópia, estudou a dinâmica das classes de CN/CL durante o período de 1973 a 2009. O estudo mostrou que a transição dominante de CN/LC se deveu principalmente a terras de gramíneas, arbustos e florestas de acácia para terras cultivadas. A taxa de expansão das terras cultivadas registou um aumento progressivo até ao final de 2009. O mesmo estudo foi efectuado no Sudão por (Sulieman **et al.**, 2006) sobre a avaliação da vegetação natural e o recrescimento em Gadarif. Foram utilizados dados de deteção remota e de campo. Os resultados revelaram que a limpeza intensiva da vegetação natural no período de 1972 a 1979, devido a uma expansão dramática da agricultura mecanizada de sequeiro, e a mudança de LC no período de 1979 a 1999 mostraram uma diminuição da vegetação natural; durante este período, a expansão da agricultura atingiu o seu ponto culminante e, em 1999 a 2003, a vegetação natural para terras agrícolas continuou a abrandar.

2.2.1 Areia:

Os solos arenosos devem conter 85% ou mais de areia e a percentagem de silte mais 1,5 vezes a percentagem de argila não deve exceder 15%. E a areia separada pode ser subdividida com base nas percentagens de tamanhos específicos. Estas subdivisões são areia grossa, areia, areia fina e areia muito fina. A areia pura contém 25 por cento ou mais de areia muito grossa, grossa e média e menos de 50 por cento de areia fina ou muito fina (USDA- SCS, 1987).

2.2.2 Erosão do solo:

A erosão e a formação do solo são dois processos naturais opostos em que a taxa média de formação é igual à da erosão, parecendo o solo permanecer num estado constante à medida que a paisagem evolui. Geralmente, as taxas de erosão do solo são baixas, a menos que a superfície do solo seja exposta diretamente ao vento e/ou à água da chuva. O problema da erosão surge quando a cobertura vegetal natural é removida, havendo necessidade de práticas de controlo da erosão que reduzam a taxa de erosão e mantenham a produtividade do solo (Henry, 1990). Recentemente, o crescimento da população nos países em desenvolvimento, bem como as alterações na utilização e gestão dos solos noutras partes do mundo, aumentaram a erosão (Bork, 1989).

2.3 Terrenos:

A terra envolve o ambiente físico, incluindo o clima, o relevo, os solos, a hidrologia, a vegetação e a cobertura que influenciam o potencial de uso da terra. Inclui os resultados da história e da atividade humana atual, como a recuperação da água do mar, a limpeza da vegetação, e também resultados adversos como a salinização do solo (NRMED, FAO. 2013).

2.3.1 Cobertura do solo:

A cobertura do solo mostra a quantidade de uma região coberta por florestas, pântanos, superfícies impermeáveis e agricultura. É determinada através da análise de imagens aéreas e de satélite. Os mapas de ocupação do solo fornecem informações que ajudam os gestores a compreender melhor a paisagem atual e a ver as alterações ao longo do tempo, sendo necessários mapas de ocupação do solo para vários anos diferentes. Estas informações podem ajudar os gestores a avaliar as decisões de gestão anteriores, bem como a obter uma visão dos possíveis efeitos das suas decisões actuais antes de estas serem implementadas. Os diferentes tipos de ocupação do solo podem ser geridos ou utilizados de forma bastante diferente (Natural Ocean Services, 2015).

2.3.2 Utilização do solo:

O uso do solo mostra como as pessoas utilizam a terra, seja para desenvolvimento, conservação ou usos mistos. Não pode ser determinado por imagens de satélite e, consequentemente, é caracterizado pelas disposições, actividades e contribuições que as pessoas realizam num determinado tipo de ocupação do solo para o produzir, alterar ou manter (FAO, 2005).

2.3.3 Degradação dos solos:

Definida como uma perda a longo prazo da função e dos serviços do ecossistema, causada por uma forma de perturbação, o sistema não pode recuperar sem ajuda. A perda de funções e serviços do ecossistema a longo prazo, causada por perturbações, não permite que o sistema recupere sem ajuda. Afecta uma proporção significativa da superfície terrestre e até **um terço da população mundial pobre** e os países pobres sofrem desproporcionadamente com os seus efeitos (Gisladottir e Stocking, 2005). As perdas de carbono orgânico do solo, de nutrientes, de armazenamento de água no solo, de capacidade produtiva e de habitat para a vida selvagem são efeitos directos da degradação das terras.

2.3.4 Deteção de alterações:

A deteção de alterações é o processo de identificação de diferenças no estado de um objeto ou fenómeno através da análise de um par de imagens adquiridas na mesma área geográfica em momentos diferentes (Singh, 1989). A melhor investigação em matéria de deteção de alterações deve fornecer as seguintes informações: a alteração da área e a taxa de alteração, as trajectórias de alteração dos tipos de coberto vegetal, a distribuição espacial dos tipos alterados e a avaliação da precisão da deteção de alterações (Lu **et al.**, 2004).

Quatro aspectos importantes da deteção de alterações devem ser seguidos para monitorizar os recursos naturais: detetar se ocorreu uma alteração, identificar a natureza da alteração, medir a extensão da área da alteração e avaliar o padrão espacial da alteração (Macleod e Congalton 1998). A deteção de alterações torna-se importante para compreender as interacções e as relações entre os fenómenos naturais e os humanos, através da **deteção precisa das alterações nas características da superfície terrestre (Lu et al.**, 2004). Envolveu a utilização de imagens de satélite multitemporais para determinar quantitativamente os efeitos temporais de cada fenómeno (Friedl **et al.**, 2002).

2.3.5 Desertificação:

A desertificação é a degradação dos solos em zonas áridas, semi-áridas e sub-húmidas secas resultante de vários factores, incluindo a variação climática e as actividades humanas UNCCD (2005). Uma redução ou perda, em zonas áridas, semi-áridas e sub-húmidas secas, da produtividade biológica ou económica e da complexidade das terras de cultivo de sequeiro, das terras de cultivo irrigadas ou das pastagens, florestas e bosques, resultante da utilização da terra ou da combinação de processos, incluindo processos decorrentes das actividades humanas e dos padrões de habitação, tais como a deterioração das propriedades físicas e biológicas ou económicas do solo (WMO, 2005).

2.7 Satélites:

Um satélite é um corpo celeste que orbita em torno de um planeta. Foram lançados muitos satélites artificiais, principalmente para fins de comunicação, mas também para observar a Terra e obter imagens. Atualmente, os satélites são as principais plataformas utilizadas na Deteção Remota (RS). Transportam **vários tipos de "sensores" para estudar diversas áreas, como o clima, a paisagem, as** catástrofes **naturais** e a vegetação. Os satélites têm várias características únicas que os tornam particularmente úteis para a deteção remota da superfície da Terra. Os satélites deslocam-se através de uma determinada trajetória, conhecida como órbita, que é caracterizada por vários parâmetros: tipo, inclinação, altitude, tempo de cruzamento do equador, período orbital e período de ciclo. (Levin, 1999)

2.7.1 Deteção remota:

É a ciência que permite obter informações sobre a superfície da Terra sem estar em contacto com ela. Isto é feito através da deteção e registo da energia reflectida ou emitida e do processamento, análise e aplicação dessa informação. Uma fotografia aérea é um exemplo comum de um produto de deteção remota (câmara e filme, ou agora digital). O método que envolveu uma interação entre a radiação incidente e as regiões de interesse é exemplificado através da utilização de sistemas de imagem que têm sete elementos (Fig. 2.1) (Levin, 1999).

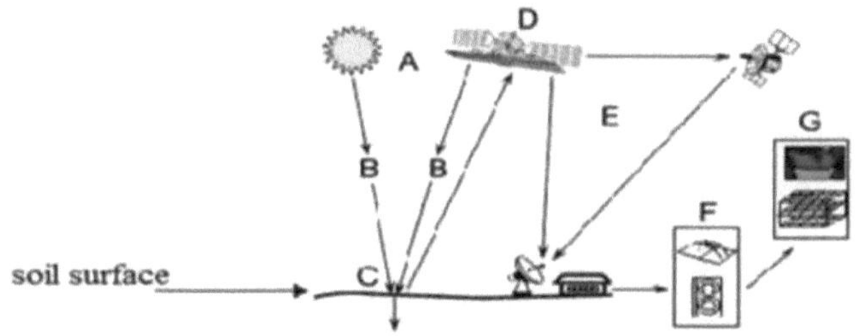

(Fig. 2.1) mostra os sete elementos envolvidos nos sistemas de imagem Source Canada Centre for remote sensing.

1- Fonte de energia ou iluminação (A): o primeiro requisito é dispor de uma fonte de energia que ilumine ou forneça energia electromagnética ao alvo/região de interesse.
2- Radiação e atmosfera (B): à medida que a energia viaja/corre da sua fonte para o alvo/região de interesse, entra em contacto e interage com a atmosfera que atravessa. Esta interação pode ocorrer uma segunda vez, à medida que a energia viaja/corre do alvo para o sensor.
3- Interação com o alvo (C): uma vez que a energia chega ao alvo através da atmosfera, interage com o alvo dependendo das propriedades do alvo e da radiação.
4- Registo da energia pelo sensor (D): depois de a energia ser dispersa ou emitida pelo alvo, é necessário um sensor (remoto - não em contacto com o alvo) para recolher e registar a radiação electromagnética.
5- Transmissão, Receção e Processamento (E): a energia registada pelo sensor é transmitida em formato eletrónico, eventualmente, recebida e processada na estação que é responsável pela conversão dos dados a processar em imagens (impressas e/ou digitais).
6- Interpretação e análise (F): a imagem processada foi interpretada, visual ou digitalmente ou eletronicamente, para extrair informações sobre o alvo que foi iluminado.
7- Aplicação (G): o elemento final do processo de deteção remota será alcançado através da aplicação da informação que foi obtida a partir das imagens do alvo, a fim de compreender melhor e revelar alguma informação nova ou ajudar a resolver um problema específico.

2.7.1.1 Radiação electromagnética:

Consiste num campo elétrico (E) que varia em magnitude numa direção perpendicular à direção em que a radiação se desloca, e num campo magnético (M) orientado perpendicularmente ao campo elétrico. Ambos os campos **viajam à velocidade da luz (C):** A compreensão da RS está relacionada com as características da radiação electromagnética (Levin, 1999).

2.7.1.2 O comprimento de onda e a frequência:

O comprimento de onda é o comprimento de um ciclo de onda que pode ser medido como uma distância entre cristas de onda adjacentes. **A** esta distância é normalmente atribuído o símbolo **(X), que é a** letra grega lambda. O comprimento de onda é medido em metros (m) ou em algum fator de metros, como nm, 10^{-9} metros, pm, 10^{-6} metros ou cm, 10^{-2} metros. A frequência refere-se ao número de ciclos de uma onda que passa por um ponto fixo por unidade de tempo. A frequência é normalmente medida em hertz (Hz), equivalente a um ciclo por segundo, e em vários múltiplos de hertz. O comprimento de onda e a frequência estão relacionados pela seguinte fórmula: (Levin, 1999).

$$C = \lambda \nu$$

$$\lambda \equiv Wavelength\ (m)$$

$$\nu \equiv Frequency\ (cycles\ per\ second, Hz)$$

$$C \equiv Speed\ of\ light\ (3 \times 10^{8}\ m/s)$$

Quanto mais curto for o comprimento de onda, maior será a frequência, enquanto que quanto maior for o comprimento de onda, menor será a frequência. A compreensão das características da radiação electromagnética em termos do seu comprimento de onda e frequência é crucial para compreender a informação a extrair dos dados de deteção remota (Fig. 2.2).

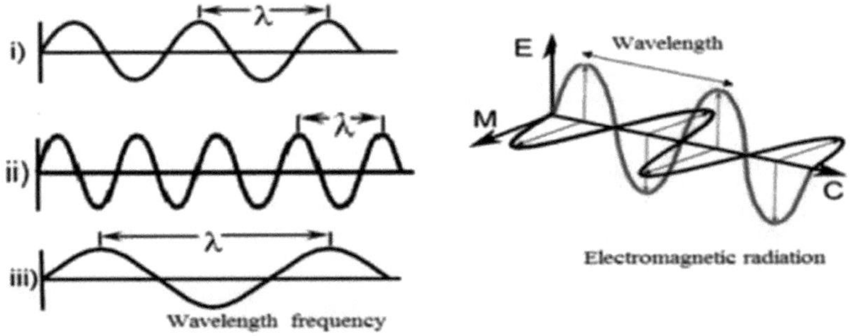

Fig. 2.2: O comprimento de onda e a frequência da radiação electromagnética. Fonte: Fundamentals of Remote Sensing, Universidade de Tel Aviv, Israel (1999).

2.7 .1.3 O espetro eletromagnético

É a energia propagada através do espaço entre os campos eléctricos e magnéticos, tem a energia que vai desde os raios cósmicos, raios gama, raios X até ao ultravioleta, radiação visível e infravermelha incluindo a energia de micro-ondas e ondas de televisão e rádio (Stephen, 2015) (Fig. 2.3).

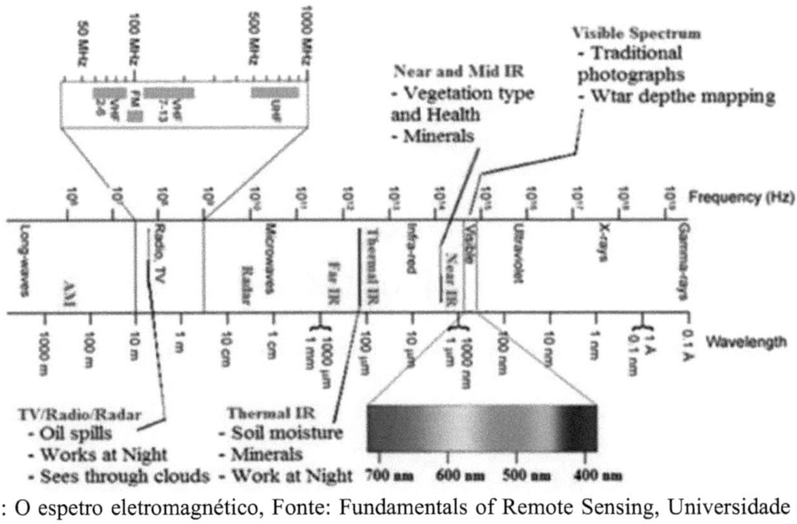

Fig.2.3: O espetro eletromagnético, Fonte: Fundamentals of Remote Sensing, Universidade de Tel

Aviv, Israel (1999).

Existem dois tipos de sensores: Sensor passivo: necessita de uma fonte de energia externa que está naturalmente disponível ou detecta a radiação natural que é emitida ou reflectida a partir do objeto ou da área circundante que está a ser observada, por exemplo, a reflexão da luz solar, infravermelhos, radiómetros e filmes fotográficos é mais comum (Fig. 2.4). Sensor ativo: fornece a sua própria energia que emite para analisar objectos das áreas de um sensor e, em seguida, detecta e mede a radiação que é reflectida ou retrodifundida a partir do alvo, por exemplo, radar e a capacidade de obter as medições a qualquer momento, independentemente da hora do dia ou da estação (Paul, 2010).

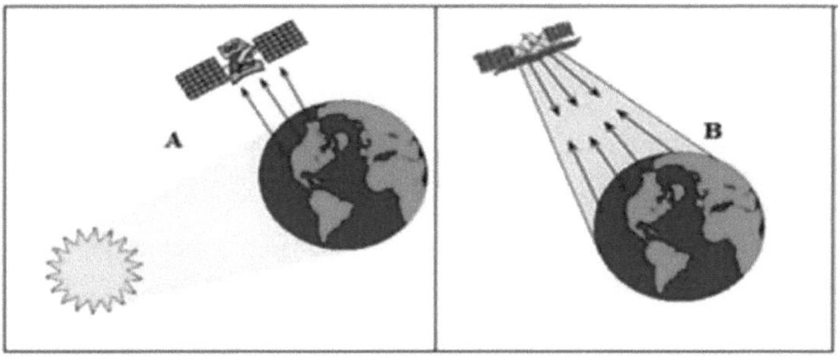

Fig.2.4: Sistema passivo (A) e sistema ativo. Fonte: Centro de Sensoriamento Remoto do Canadá.

2.7.1 Dispersão:

A dispersão é a difusão imprevisível da radiação electromagnética (REM) pelas partículas atmosféricas. Ocorre quando as partículas ou as grandes moléculas de gás presentes na atmosfera interagem com a REM e fazem com que esta seja redireccionada da sua trajetória original. A quantidade de dispersão que ocorre depende de vários factores, incluindo o comprimento de onda da radiação, o diâmetro das partículas ou gases e a distância que a radiação percorre através da atmosfera. Existem três tipos de dispersão que ocorrem: (Levin, 1999).

2.7.1.1 Dispersão de Rayleigh:

Ocorre quando as partículas são muito pequenas em comparação com o comprimento de onda da radiação, tais como pequenas partículas de poeira ou moléculas de azoto e oxigénio. Isto faz com que a energia dos comprimentos de onda mais curtos se disperse muito mais do que a dos comprimentos de onda mais longos (Fig. 2.3). Quando a luz do sol atravessa a atmosfera, os comprimentos de onda mais curtos do espetro visível azul são mais dispersos do que os comprimentos de onda mais longos, enquanto ao nascer e ao pôr do sol a luz tem de percorrer uma distância tão grande através da atmosfera do que ao meio-dia, pelo que a dispersão dos comprimentos de onda mais curtos já foi concluída, deixando uma maior proporção dos comprimentos de onda mais longos que penetraram na atmosfera, pelo que o céu aparece vermelho.

2.7.1.2 Dispersão de Mie

Ocorre quando as partículas têm aproximadamente o mesmo tamanho do comprimento de onda da radiação. O pólen, o fumo, o vapor de água e a poeira são as principais causas comuns (Fig. 2.3). A dispersão de Mie tende a afetar comprimentos de onda maiores do que os afectados por Rayleigh.

2.7.1.3 Dispersão não selectiva:

Ocorre quando as partículas são muito maiores do que o comprimento de onda da radiação. As principais causas comuns são as grandes partículas de poeira e as gotículas de água (Fig. 2.5). Esta dispersão faz com que o nevoeiro e as nuvens pareçam brancos aos nossos olhos. As luzes azul, verde e vermelha espalham-se em quantidades iguais. Luz vermelha + verde + azul = luz branca.

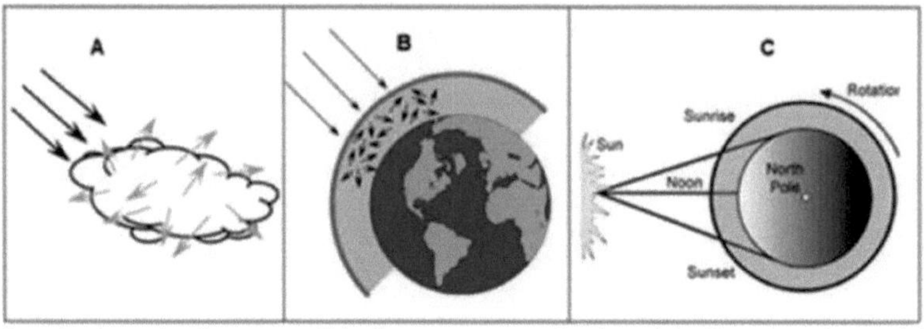

Fig.2.5: Os três tipos de dispersão: (A) dispersão não selectiva, (B) dispersão de Rayleigh e (C) dispersão de Mei. Fonte: Canada Centre for Remote Sensing (2009).

2.8 Cores normais Composição:

O modelo de cor aditivo RGB para os dados Landsat TM, banda 3 (vermelho), bandas 2 (verde) e banda 1 (azul) pode ser utilizado para criar uma composição de cor normal (Jensen, 2000, Tabela, 2.1).

Tabela. 2.1: A melhor combinação de bandas para formar o composto de cores falsas.

No	Bands	Potential information content		Comments
	RGB	features	colors	
1-	4/3/2 Landsat-5 The false Colors Composite.	Vegetation Urban areas Soils vary Coniferous trees Ice, Snow and Clouds Turbid water	Red Cyan blue Dark to light browns Darker red White or light cyan Cyan	The Combinations are Better For Soil Studies. And useful For vegetation studies. Monitoring various stages of Crop growth
2-	5/4/3 Landsat -8 It has the most Agricultural information	1- Healthy vegetation 2- Soils 3- Water	Bright green Mauve Dark-bluish	The combination is useful for vegetation studies, and is widely used in the areas of Timber management and Pest infestation.

2.8.1 Infravermelhos próximos Composição de cores falsas:

Os dados multiespectrais RS foram apresentados como composição de falsa cor NIR, na qual as bandas NIR foram apresentadas como camada de cor vermelha, a banda vermelha é apresentada como camada de cor verde e a banda verde é apresentada como camada de cor azul. O Landsat TM foi utilizado para criar a composição de falsa cor NIR. Camadas de cor RGB 4/3/2 para os dados Landsat-5 TM e 5/4/3 para Landsat- 8 OLI-TRS. As imagens compostas assemelham-se a fotografias aéreas de infravermelhos a cores convencionais, mas com uma resolução espacial reduzida. Por conseguinte, a interpretação da composição da falsa cor infravermelha das imagens multiespectrais teria sido muito semelhante à da cor infravermelha das fotografias aéreas. (Jensen, 2000).

2.8.1.1 Aplicação da Deteção Remota aos Solos:

Há muitas áreas diferentes envolvidas na RS dos solos. As imagens de satélite fornecem os limites visíveis dos tipos de solo, enquanto a RS fornece uma penetração superficial dos solos. As assinaturas espectrais das superfícies dos solos fornecem dados físicos adicionais. A interpretação das imagens de RS e das assinaturas espectrais permite a classificação dos tipos de solo. As medições efectuadas no terreno e as fotografias aéreas fornecem informações adicionais sobre as ordens de solos e a sua relação com a cobertura vegetal/rochosa, formas de relevo, materiais superficiais, zonas regionais, drenagem e cor da camada superficial do solo, condições de formação do solo e outros dados topográficos. São utilizadas técnicas multitemporais para cartografar "características dinâmicas" (Levin, 1999).

A RS permite a classificação dos solos e o fornecimento de informações sobre a produtividade das florestas, prados, condições de habitat da vida selvagem, utilização dos solos e aptidão recreativa. O resultado será a proteção futura do ambiente. Os satélites que fornecem imagens para ajudar a obter a classificação dos solos são as imagens de alta resolução Landsat-5 e Landsat-8. Os dados TM fornecem informações úteis sobre a mineralogia do solo e as zonas áridas (Levin, 1999).

2.8.1.2 Reflectância do solo:

Quatro factores principais influenciam a reflectância do solo nas imagens RS: composição mineral, humidade do solo, teor de matéria orgânica e superfície do solo (textura). O tamanho e a forma do agregado do solo também influenciam a reflectância nas imagens. A composição mineral dos solos afecta o espetro de reflectância. O aumento da reflectância dos solos ocorre desde o visível até ao infravermelho de ondas curtas com bandas de absorção à volta de 1,4 e 1,9 iim relacionadas com a quantidade de humidade no solo (Levin, 1999).

As ondas de radar podem não ser capazes de penetrar no solo se este estiver húmido. Os espectros de reflectância do solo e a humidade do solo desenvolverão curvas paralelas. A humidade do solo tem um efeito igual sobre o espetro e a relação entre as bandas espectrais. As bandas espectrais do vermelho e do infravermelho próximo são independentes da humidade do solo (Levin, 1999).

O tipo de solo é caracterizado através da linha de solo dos espectros de reflectância do solo e corrige a reflectância da copa das plantas a partir dos efeitos visuais das propriedades do solo.

A matéria orgânica (MO) é o terceiro fator que influencia as propriedades visuais do solo. A MO pode afetar indiretamente a influência espetral, com base na estrutura do solo e na capacidade de retenção de água. Uma elevada quantidade de MO no solo pode produzir interferências espectrais nas características das bandas de minerais como o Mn e o Fe. Além disso, a rugosidade do solo (textura) é o quarto fator que afecta as propriedades visuais do solo. A luz fica retida nas superfícies rugosas das partículas grosseiras do solo, por exemplo, se estiver presente ferro e cal, a reflectância será mais forte do que se o material do solo for de textura fina e seco. Ocorreram diversidades de reflectância do solo onde há uma mudança na distribuição das áreas de luz e sombra com as áreas de rugosidade da superfície. Este fator é essencial para os domínios espectrais do infravermelho termal e das micro-ondas. O tamanho e a forma do solo influenciam as propriedades de reflectância. A expansão do tamanho de um agregado de solo em diâmetro diminuirá a reflexão (Levin, 1999).

A forma está relacionada com a superfície (textura), uma superfície lisa e uniforme resultará provavelmente de um agregado de solo mais esférico, em vez de um agregado de solo recortado. (Mulder, 1987). Levin (1999) assinalou quatro factores que influenciam os tipos de solo: a cor do solo, o teor de humidade, a presença de carbonatos e o teor de óxido de ferro (Fig. 2.6)

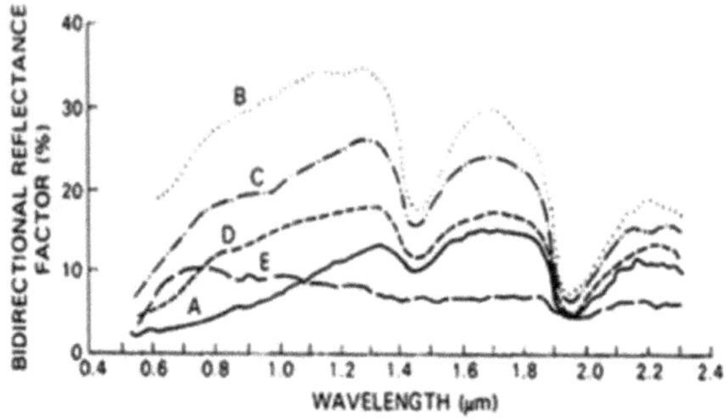

Fig.2.6: Reflectância espetral de cinco solos minerais, (A) dominados por orgânicos, (B) alterados por minerais, (C) alterados por ferro, (D) afectados por orgânicos e (E) dominados por ferro. Fonte: Fundamentals of Remote Sensing, Universidade de Tel Aviv, Israel (1999).

2.8.1.3 Aplicação da Deteção Remota à Vegetação:

Existem certas vantagens relacionadas com o melhoramento da deteção remota, tais como, a preparação e atualização de toda a vegetação que se encontra em grandes regiões num curto período de tempo, e a monitorização e deteção de alterações na vegetação serão mais facilmente obtidas com a deteção por satélite e técnicas de TM (Fig. 2.7). A RS classificou as classes de vegetação através de um padrão espacialmente distribuído de respostas espectrais e determinou um grau mais elevado de classes de vegetação em regiões montanhosas (Williams,1992).

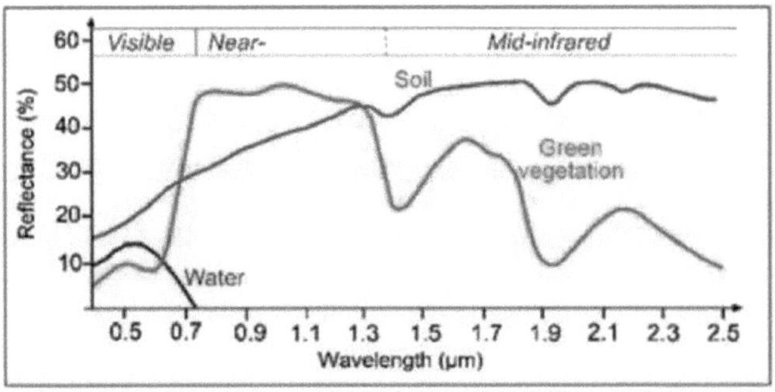

Fig.2.7: reflectância da água, do solo e da vegetação em diferentes comprimentos de onda. Fonte: O internacional para a ciência da geo-informação e observação da terra (2009).

2.8.1.4 Reflectância da vegetação:

As características da reflectância da vegetação dependem das propriedades das folhas e da estrutura do dossel foliar. A quantidade de energia que é reflectida a partir de um determinado comprimento de onda depende da pigmentação da folha, da espessura e composição da folha (estrutura celular) e da quantidade de água no tecido foliar (Fig. 2.8). Na parte visível do espetro, a reflectância dos componentes azul e vermelho da luz incidente é comparativamente baixa. A vegetação reflecte relativamente mais luz verde e a reflectância na gama NIR é a mais elevada. Mas a sua quantidade depende do desenvolvimento da folha e da estrutura celular. A gama de infravermelhos de onda curta (SWIR) é determinada pela água livre no tecido foliar. Os comprimentos de onda variam entre 1,45 e 1,95 μm, denominados bandas de absorção de água. As plantas podem mudar de cor quando as folhas secam, por exemplo, durante a época de colheita das culturas, por exemplo, para amarelo e mostram que não há fotossíntese causando reflectância na parte vermelha do espetro. Além disso, as folhas que secaram resultam numa maior reflectância do SWIR, enquanto o NIR pode diminuir. Como resultado, a deteção remota ótica pode fornecer informações sobre o tipo de planta e as condições de saúde (Klaus **et al.**, 2009).

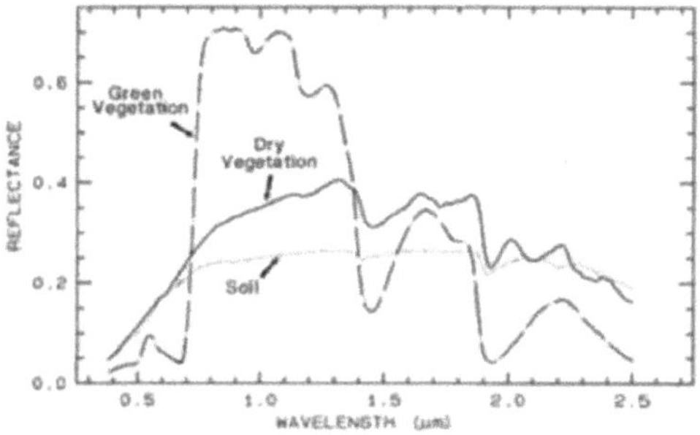

Fig.2.8: Espectros de reflectância da vegetação fotossintética (verde), não fotossintética (seca) e do solo. Fonte: Introdução ao Sensoriamento Remoto Universidade de Washington.

2.8.1.5Aplicação da teledeteção à água:

As propriedades de reflectância da água são uma função dessa água e do material que se encontra na água, como material orgânico ou inorgânico. Uma grande quantidade de sedimentos em suspensão presentes na água apresenta a maior reflectância visível em comparação com águas mais claras. E também a água turbulenta afecta a quantidade de energia absorvida e transmitida. As quantidades de clorofila também afectam a reflectância da água. O aumento da clorofila diminui os comprimentos de onda azuis e aumenta os comprimentos de onda verdes. A RS tem sido utilizada para monitorizar a presença de algas e estimar a sua concentração. As variações de temperatura também afectam a reflectância da água ao longo do dia (Fig. 2.9) Lillesand e Keifer, (1994).

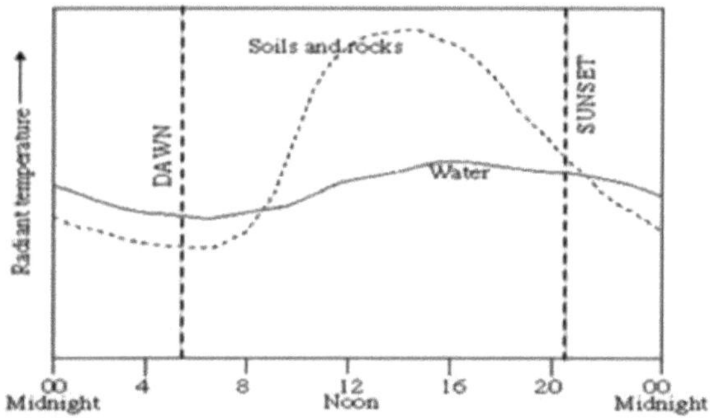

Fig.2.9: A temperatura radiante diurna geral para variações em solos, rochas e água. Fonte: Site da Universidade do Texas.

2.8.1.6 Reflexo da água:

Em comparação com a vegetação e o solo, a água tem uma reflectância inferior. A vegetação pode refletir até 50%, o solo até 30-40%, enquanto a água reflecte, no máximo, 10% da energia incidente. A água reflecte a energia EM na gama visível e um pouco na gama NIR. Para além de 1,2 |im, toda a energia é absorvida. As curvas de reflexão espetral de diferentes tipos de água são apresentadas na (Fig. 2.9). A água turva atinge a reflectância mais elevada. A água que contém plantas tem um pico de reflectância pronunciado para a luz verde devido à clorofila da planta (Klaus **et al.**, 2009).

2.8.2 Landsat 5 Thematic Mapper (TM):

O Landsat 5, lançado em 1984, demonstrou que as imagens são apresentadas como composição RGB da banda 4/3/2, que possui o sensor de satélite mais sofisticado e radiométrico global para fornecer dados de observação da Terra. Contém sete bandas espectrais com uma resolução espacial de 30 metros. A resolução espacial da banda 6 é de 120 metros, mas assemelha-se a pixéis de 30 metros (quadro 2.2). Seis bandas adquirem dados de reflectância da terra e uma banda adquire dados de temperatura da terra (USGS Landsat Project, 2004).

Tabela. 2.2: Bandas do Landsat 5 TM e respectivos comprimentos de onda, resolução espetral e utilizações.

Band	**Color**	**W (µm)**	**SR (m)**	**Use**
Band 1	Blue	0.45 – 0.52	30	Bathymeteric mapping, Distinguishing soil from vegetation and deciduous from coniferous vegetation.
Band 2	Green	0.52 – 0.60	30	Emphasizes peak vegetation, which is useful for assessing plant vigor.
Band 3	Red	0.63 – 0.69	30	Emphasizes vegetation slopes.
Band 4	NIR	0.76 – 0.90	30	Emphasizes biomass content of soil and shorelines.
Band 5	MIR	1.55 – 1.75	30	Discriminates moisture content of soil and vegetation.
Band 6	TIR	10.4 – 12.5	120* 30	Useful for mapping and estimated soil moisture.
Band 7	MIR	2.08 – 2.35	30	Useful for mapping hydrothermally altered rocks associated with mineral deposits.

Código: NIR = infravermelhos próximos, SWIR= infravermelhos de comprimento de onda curto, W= comprimentos de onda, SR= resolução espetral, TIRS= sensor de infravermelhos térmico e IR= infravermelhos.

2.8.3 Landsat 8 Operational Land Imager (OLI-TIRS):

O Landsat 8 é um satélite americano de observação da Terra lançado em 2013. Os seus sensores

incluem o OLI (Operational Land Imaginger) e o TIRS (Thermal IR Sensor). Recolhe dados de bandas espectrais. Sete das nove bandas são compatíveis com os sensores do mapeador temático TM e do mapeador temático melhorado ETM+ encontrados na Terra. O satélite Landsat 8 foi fornecido para compatibilidade com os dados históricos do Landsat. As bandas 10 e 11 são bandas térmicas e são úteis para fornecer temperaturas de superfície mais exactas, recolhidas a 100 metros (Quadro 2.3).
Tabela.2.3: Bandas OLI-TIRS do Landsat 8 e respectivos comprimentos de onda, resolução espetral e utilizações.

Band	Color	W (µm)	SR (m)	Use
Band1	Coastal aerosol	0.43 - 0.45	30	Increased coastal zone observations.
Band 2	Blue	0.45 - 0.51	30	Bathymetric mapping; distinguishes soil from vegetation, deciduous from coniferous vegetation.
Band 3	Green	0.53 - 0.59	30	Emphasizes peak vegetation, which is useful for assessing plant vigor.
Band 4	Red	0.64 - 0.67	30	Emphasizes vegetation slopes.
Band 5	NIR	0.85 - 0.88	30	Emphasizes vegetation boundary between land and water and Landforms.
Band 6	SWIR 1	1.57 - 1.65	30	Used in detecting plant drought stress and delineating burnt areas and fire-affected vegetation, and is also sensitive to the thermal emitted by intense fires; can be used to detect active fires, especially during nighttime when the background interference from SWIR in reflected sunlight is absent
Band 7	SWIR 2	2.11 - 2.29	30	Used in detecting drought stress, burnt and fire-affected areas, and can be used to detect active fires, especially at nighttime.
Band 8	Panchromatic	0.50 - 0.68	15	**Useful in 'sharpening'multispectral images.**
Band 9	Cirrus clouds	1.36 - 1.38	30	Useful in detecting cirrus clouds.
Band 10	TIRs thermal IR	10.60 - 11.19	100 * (3	Useful for mapping thermal differences in water currents, monitoring fires and other night studies, and estimating soil moisture.
Band 11	TIRS thermal IR	11.50 - 12.51	100 * (3	Same as band 10.

2.9 Sistema de Informação Geográfica (SIG):

É um sistema informático capaz de reunir, armazenar, manipular e apresentar informações geograficamente referenciadas, ou seja, dados identificados de acordo com a sua localização (USGS, 2004). Os profissionais também consideram que o SIG total inclui o pessoal operacional e os dados que entram no sistema (GMAPP, 2009). Os mapas são utilizados há milhares de anos, mas só nas últimas décadas é que existe a tecnologia para combinar mapas com gráficos de computador e bases de dados para criar sistemas de informação geográfica SIG.

Muitas bases de dados SIG são constituídas por conjuntos de informação designados por camadas. Cada camada representa um tipo específico de dados geográficos, por exemplo, uma camada contém informações sobre as ruas e outra camada pode conter informações sobre o solo, enquanto outra regista a elevação nessa área. O SIG pode combinar estas camadas numa imagem, mostrando como as ruas, o solo e a elevação se relacionam entre si. Cerca de 100 camadas foram incluídas na base de dados do SIG, com capacidades que o tornam uma ferramenta muito útil na análise das mudanças de uso do solo. As camadas para a alteração do uso do solo podem ser conjuntos de dados obtidos em diferentes épocas, diferentes classes de uso do solo na mesma época, factores de alteração do uso do solo, etc. A cartografia computorizada e a análise espacial foram desenvolvidas simultaneamente em vários domínios conexos. O estado atual não teria sido alcançado sem uma interação estreita entre vários domínios, como as redes de serviços públicos, a cartografia cadastral, a cartografia topográfica, a cartografia temática, a topografia e a fotogrametria, a RS, o processamento de imagens, a informática, o planeamento rural e urbano, as ciências da terra e a geografia.

A tecnologia SIG está a tornar-se rapidamente uma ferramenta normalizada para a gestão dos recursos naturais. A utilização efectiva de grandes volumes de dados espaciais depende da existência de um sistema eficiente de tratamento e processamento geográfico para transformar esses dados em informação utilizável. É de notar que qualquer tarefa começa e acaba no mundo real. São recolhidos dados sobre o mundo real. Após a análise dos dados, a informação é compilada para os decisores. Com base nesta informação, são tomadas medidas e implementados planos no mundo real (Olaleye **et al.**, 2009). Assim, para beneficiar e tirar o melhor partido dos dados de RS, devemos ser capazes de extrair informações úteis das imagens. A interpretação e análise de imagens de RS envolve a classificação e/ou medição de vários alvos numa imagem, a fim de extrair informações úteis sobre eles. Vários estudos basearam-se em técnicas de deteção de alterações pós-classificação menos intensivas do ponto de vista computacional, utilizando imagens ou cobertura SIG de uma ou duas datas (Mahmoud et al., 2009; Olaleye **et al.**, 2009; Zubair, 2006; Sirois e Ahern, 1989; Gardner **et al.**, 1991; Cablk **et al.**, 1994; Dobson **et al.**, 1995; Olsson, 1995). Recentemente, a análise de componentes principais PCA, vários índices de vegetação e regras lógicas foram implementados utilizando dados de satélite multitemporais (Muchoney e Haack, 1994; Jenssen, 1993; Walsh e Townsend 1995).

CAPÍTULO 3

MATERIAIS E MÉTODOS

3.1 O local do estudo

A área de estudo abrange cerca de 981,3 km^2 aproximadamente 98130 hectares. Inclui 233 regimes, 1000 feddans para cada um. Situa-se entre a latitude 474958 m e 498141 m N e a longitude 1292435 m e 1334484 m E. Existem quatro aldeias na área. Abu Khadra a 15 km a norte da cidade de Renk, a aldeia de Goz Rum a 8 km a leste, Goz Fami a 22 km a nordeste, a aldeia de Nger a 19 km a nordeste, e outras Coumbo (um local onde os agricultores e os trabalhadores descansam durante a limpeza da quinta, a plantação ou a colheita, etc., é um alojamento sazonal (Fig. 3.1).

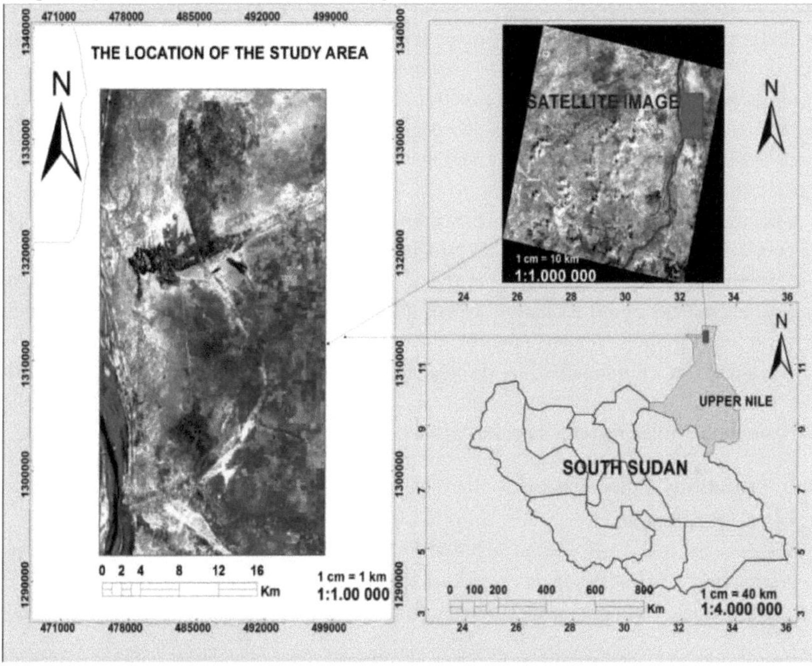

Fig. 3.1: O mapa de localização da área de estudo.

3.2 Materiais e métodos:

O material e os métodos utilizados neste estudo incluem o seguinte:

3.2.1 Trabalho de escritório

O material de escritório e o software utilizados neste estudo incluíram:

1- Computador portátil

2- As classes de ocupação do solo (solo arenoso, solo argiloso, cobertura vegetal e recursos hídricos) foram determinadas utilizando o Google Earth com uma resolução de 40 m.

3- Registar as latitudes e longitudes no caderno de apontamentos para serem utilizadas na etapa seguinte (trabalho de campo).

4- Programa Downloader (para descarregar imagens da zona de estudo através do Earth Explorer (EE) e do United States Geological Survey (USGS).

5- Software do programa Earth Resource Data Analysis System (ERDAS) versão de imagem 8.5.

6- Dois Landsat foram utilizados neste estudo, landsat 5, sensor ID TM (thematic mapper) imagens tiradas em 8 de abril de 1984 e 16 de dezembro de 1994 e landsat 8, sensor ID OLI-TIRs (operational land imager and thermal IR sensor) tiradas em 5 de janeiro de 2014 no caminho 173 e na linha 52. 1994 e landsat 8, sensor ID OLI- TIRs (operational land imager and thermal IR sensor) tiradas em 05 de janeiro de 2014 no caminho 173 e linha 52.

7- As bandas compostas de cores falsas 4/3/2 que representam o vermelho/verde/azul, respetivamente.

3.2.2 Trabalho de campo

Foi efectuada uma visita de dois dias à área, que teve início a 23rd de março de 2016 e terminou a 24th de março de 2016. O objetivo desta visita era comparar as coordenadas das quatro características. Areia (Goz/ solo arenoso), solo argiloso, cobertura vegetal e recursos hídricos) que foram tiradas no Google earth com zoom de 40 m com as coordenadas tiradas na natureza real do terreno usando o Sistema de Posicionamento Global (GPS) para maior precisão.

Os materiais utilizados foram os seguintes

1- A tração às quatro rodas fornecida pela administração da agricultura mecanizada foi utilizada para cobrir algumas partes do campo do estudo.

2- O sistema de posicionamento global (GPS) foi utilizado para identificar as localizações das cinco características como na natureza real, utilizando o ponto de **coordenadas** que tinha sido escrito no livro de notas na etapa anterior.

3- Para além das coordenadas de árvores densas, foram observados reservatórios de água (Hafirs).

4- A câmara foi utilizada para documentação.

3.2.3 Trabalhos de laboratório

3.2.3.1 Classificação

As composições de cores utilizam ao máximo as capacidades do olho humano. Dependendo do sistema gráfico utilizado, a criação de composições vai desde a simples seleção das bandas a utilizar até procedimentos mais complexos de combinação de bandas e extensão do contraste associado.

3.2.3.2 Composto tradicional de falsa cor (FCC)

A atribuição da cor de visualização para qualquer banda de uma imagem multiespectral pode ser efectuada de forma totalmente arbitrária. Neste caso, a cor de um alvo na imagem apresentada não tem qualquer semelhança com a sua cor real, sendo o produto resultante conhecido como uma imagem composta de falsa cor (CRISP, 2001). Existem muitos esquemas possíveis para produzir imagens compostas de cores falsas. No entanto, neste estudo foram implementados dois deles, que são mais adequados para a deteção de cobertura de areia, cobertura vegetal de solo argiloso e recursos hídricos. O FCC utilizado é apresentado de seguida (Quadro 3.1). A imagem a cores é derivada das bandas verde, vermelha e infravermelha, mas é oposta às bandas azul, verde e vermelha das imagens a cores naturais (Eastman, 2001). Estas FCC permitiram detetar facilmente a cobertura vegetal na imagem. A vegetação aparece em diferentes tons de vermelho, dependendo dos tipos e condições da vegetação. A vegetação tem uma reflectância elevada na banda NIR e o coberto vegetal parece ser branco a branco-amarelado. A água límpida aparece com um tom azul-escuro (maior reflectância na banda verde), enquanto a água turva aparece com um tom ciano (maior reflectância vermelha devido aos sedimentos) em comparação com a água límpida. Os solos nus, as estradas e os edifícios aparecem em vários tons de cinzento e ciano, dependendo da sua composição. O computador e o software ENVI (Environment for Visualizing Image) versão 4.7 foram aplicados para estas técnicas, conhecidas como empilhamento de camadas das imagens (Fig. 3.2).

Tabela.3.1: Compósito de cores falsas e suas cores e comprimentos de onda correspondentes para landsat 5 e 8, SR 30 m.

Landsat -5 TM			
Code	Band	Color	Wavelengths (μm)
R	4	Red (NIR)	0.76 – 0.90
G	3	Green	0.63 – 0.69
B	2	Blue	0.52 – 0.60
Landsat-8 OLI-TIRS			
Code	Band	Color	Wavelengths (μm)
R	5	Red (NIR)	0.85 - 0.88
G	4	Green	0.64 - 0.67
B	3	Blue	0.53 - 0.59

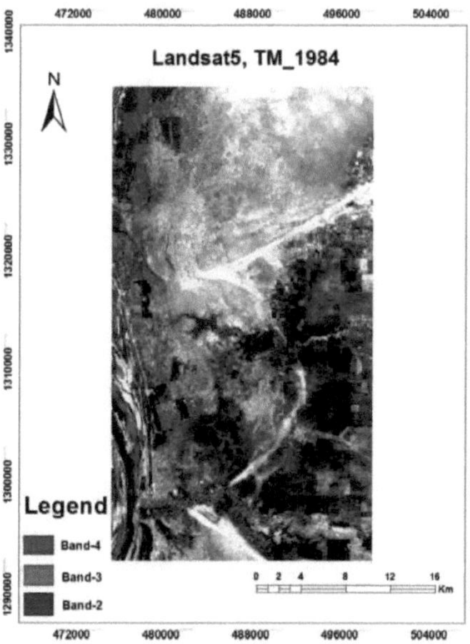

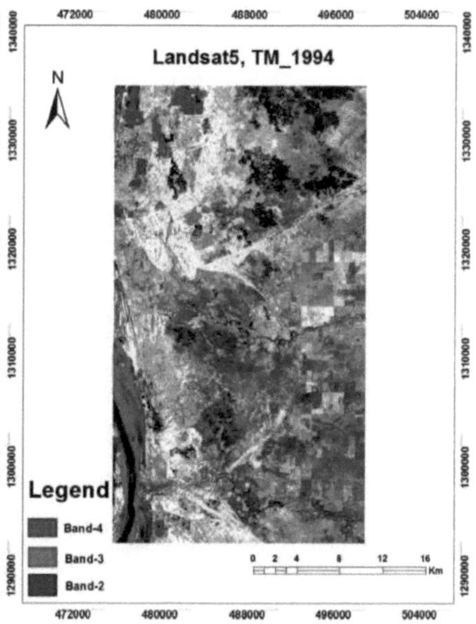

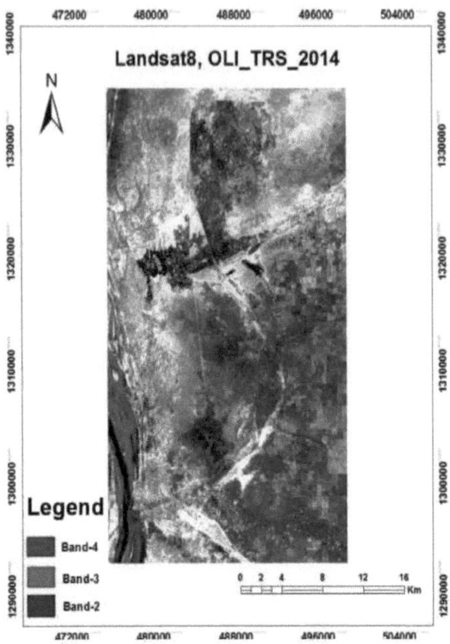

Fig. 3.2: O empilhamento de camadas de dois Landsat diferentes.

3.2.4 Classificação de imagens

A classificação de imagens refere-se à interpretação assistida por computador de imagens de deteção remota.

Os procedimentos são capazes de incorporar informação sobre características da imagem como a textura e o contexto, a análise maioritária/pós-classificação (Planiswami **et al.,** 2002). A classificação de imagens é um processo que recolhe e incorpora pixels semelhantes que estão próximos uns dos outros. Este processo tornou a classificação mais precisa (Fig. 3.3).

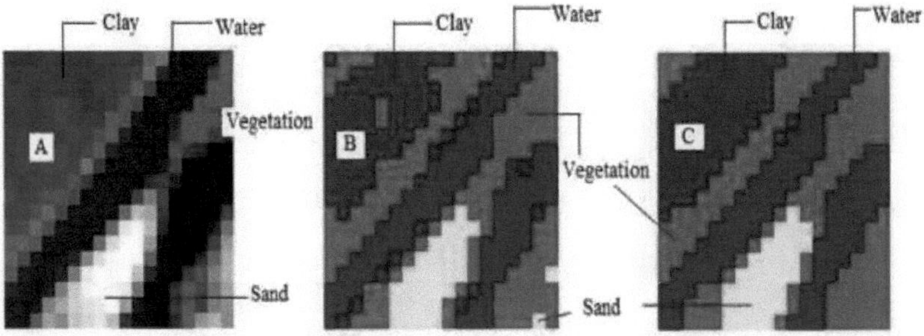

Fig. 3.3: O exemplo dos Pixels. (A) Pixels após FCC (B) Pixels de classificação supervisionada (C) Pixels de análise de maiorias.

Os procedimentos de classificação de uma imagem de satélite podem ser divididos em duas grandes subdivisões com base nos métodos utilizados. São normalmente utilizados dois tipos de classificação: classificação não supervisionada e classificação supervisionada.

3.2.4.1 Classificação supervisionada

Uma classificação supervisionada baseia-se na identificação, por parte do analista da imagem, de grupos homogéneos de pixels que representam várias classes de ocupação do solo na região de interesse (ROIs/principais características específicas), nos quais os principais tipos de ocupação do solo são delineados manualmente como uma chave para a classificação eletrónica da imagem. O computador e o software ENVI versão 4.7 utilizam programas ou algoritmos especiais para determinar as assinaturas numéricas de cada classe de ocupação do solo CRISP (2001).

Na sua essência, a classificação não supervisionada, ao contrário da supervisionada, utiliza métodos automatizados chamados algoritmos de agrupamento que são utilizados para determinar o número de classes de ocupação do solo e as suas assinaturas espectrais associadas (Tudor **et al.**, 1998).

Consequentemente, as classificações da ocupação do solo foram efectuadas com base nas características de reflectância dos diferentes tipos de classes de ocupação do solo. As imagens compostas de cores falsas, produzidas pelo empilhamento de camadas, foram utilizadas para a classificação supervisionada e não supervisionada. Existem subdivisões da classificação supervisionada, que envolvem o classificador de máxima verosimilhança (MLC), a distância mínima, a distância de Mahalanobis, etc.

Neste estudo, foi utilizado o MLC, que assume que as estatísticas de cada classe em cada banda são normalmente distribuídas e calcula a probabilidade de um determinado pixel pertencer a uma classe específica.

O limiar de probabilidade foi selecionado e, em seguida, todos os pixels foram classificados e cada pixel foi atribuído à classe que tem a maior probabilidade (Fig. 3.4). Todas as plantas foram classificadas como cobertura vegetal.

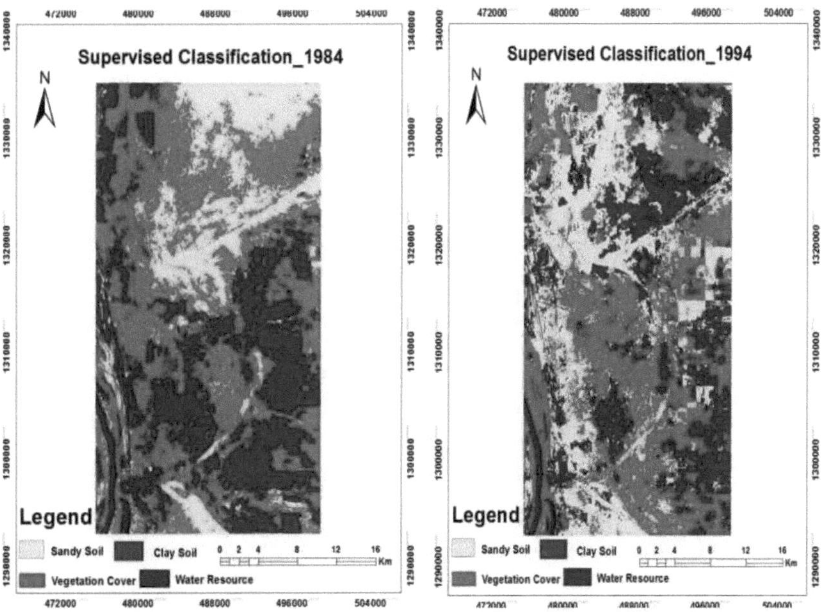

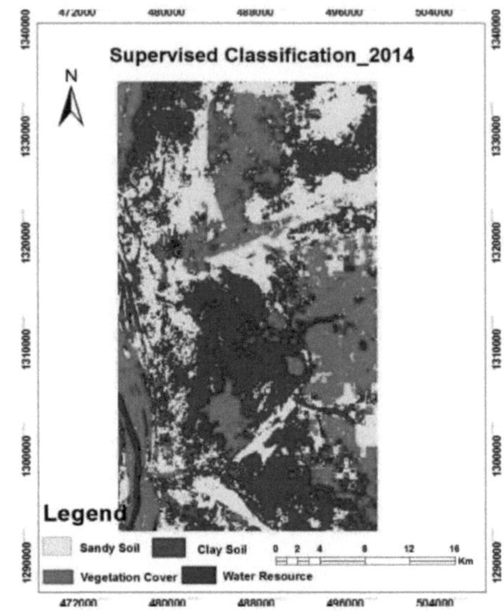

Fig.3.4: A classificação supervisionada/análise de maiorias da cobertura do solo.

3.2.4.2 Classificação não supervisionada

A classificação é um processo em que são efectuadas operações numéricas que procuram um agrupamento natural das propriedades espectrais dos pixels, tal como são examinadas no espaço de características multi-espectrais. Assim, o computador seleccionaria as médias das classes e as matrizes de covariância a utilizar na classificação (CRISP, 2001). Esta classificação tem subdivisões: a classificação isodidática e a classificação K-means; a primeira foi utilizada neste trabalho, mas não requer informação prévia sobre as classes de interesse, não é necessário visitar a área de estudo, pelo que foi ignorada por ser menos precisa do que a supervisionada. A técnica de análise Iterative self-organizing data (Isodata) representa um conjunto abrangente de procedimentos heurísticos que foram incorporados num algoritmo de classificação iterativo (Fig.3.5).

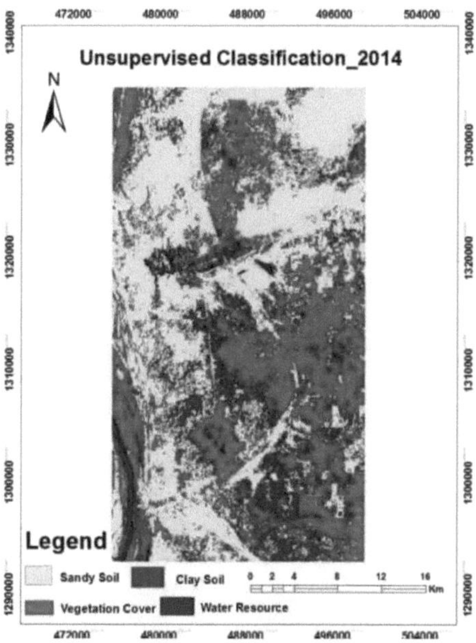

Fig.3.5: Classificação não supervisionada, classificação de isodados.

3.2.5 Deteção de alterações em imagens de satélite

Um bom e bem sucedido produto final de deteção de alterações do estudo de imagens de satélite deve fornecer as seguintes informações (Jensen, 2005):

1- Avaliação da exatidão dos resultados da deteção de alterações.

2- Variação de área e taxa de variação.

3- Distribuição espacial dos tipos de alteração.

4- Trajectórias de alteração (caminho) dos tipos de ocupação do solo.

Após o processo de classificação/ pós-classificação supervisionada, o processo de deteção de alterações foi aplicado às imagens de 1984 a 1994, 1994 a 2014 e 1984-2014, o que indicou um período completo de deteção de alterações.

3.2.5.1 Tipos de deteção de alterações

Existem quatro tipos de deteção de alterações que podem ocorrer nas classes LU/LC (Mas, 1999):

1- Mudança entre classes; estes tipos baseiam-se em imagens de classificação, por exemplo, cobertura vegetal convertida em cobertura de areia.

2- Mudança dentro das classes; este tipo ocorre devido à informação espetral contínua ou transformada, por exemplo, mudanças na percentagem de cobertura de areia.

3- Utilização do tempo como uma variável implícita, por exemplo, as diferenças de tempo reais não são utilizadas na análise, apenas o facto de duas pessoas serem de tempos diferentes.

4- O tempo explicitamente na nossa análise deve ser incluído quando se pretende a quantidade de mudança/unidade de tempo.

3.2.5.2 Exportar os pontos de passagem para imagens:

Nesta etapa, as coordenadas de latitude e longitude das características específicas da ocupação do solo foram recolhidas durante a visita ao local de estudo. Estes pontos foram convertidos em coordenadas geográficas e em Universal Transversa de Mercator (UTM) utilizando a folha de cálculo do Microsoft Excel e depois exportados para o software ArcGIS versão 10.3, para garantir que os pontos caem na imagem recente (2014) nas mesmas classes que as encontradas no terreno (Fig. 3.6).

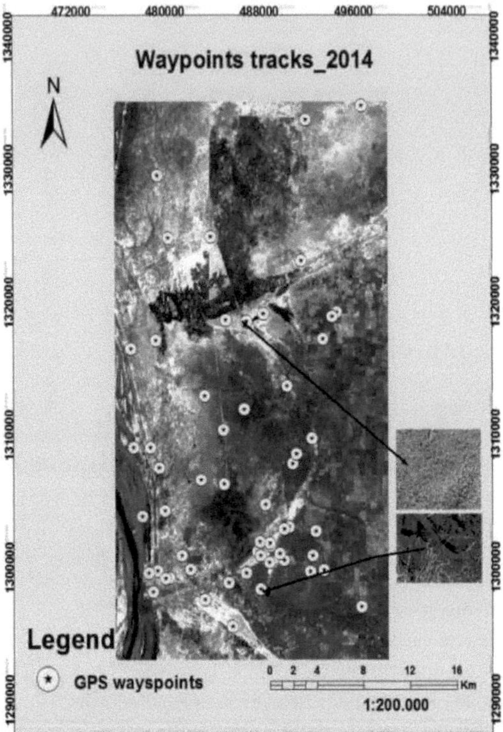

Fig.3.6: O trajeto dos pontos de passagem na área de estudo.

3.2.5.3 Avaliação da exatidão:

Um passo vital no processo de classificação, quer supervisionado quer não supervisionado, é a avaliação da exatidão das imagens finais produzidas. Isto implica a identificação de um conjunto de locais de amostragem que são visitados no terreno. A ocupação do solo encontrada no terreno é então comparada com a que está cartografada na imagem para o mesmo local. As avaliações estatísticas da exatidão podem então ser derivadas para toda a área de estudo, bem como para classes individuais.

Numa abordagem iterativa, a matriz de erros produzida (por vezes referida como uma matriz de confusão) pode ser utilizada para identificar tipos de coberto específicos para os quais os erros são superiores ao desejado.

A informação contida na matriz sobre os tipos de coberto que estão a ser erradamente incluídos numa determinada classe (erros de comissão) e os que estão a ser erradamente excluídos (erros de omissão) dessa classe pode ser utilizada para aperfeiçoar a abordagem de classificação.

O quadro das coberturas de terra e a deteção de alterações

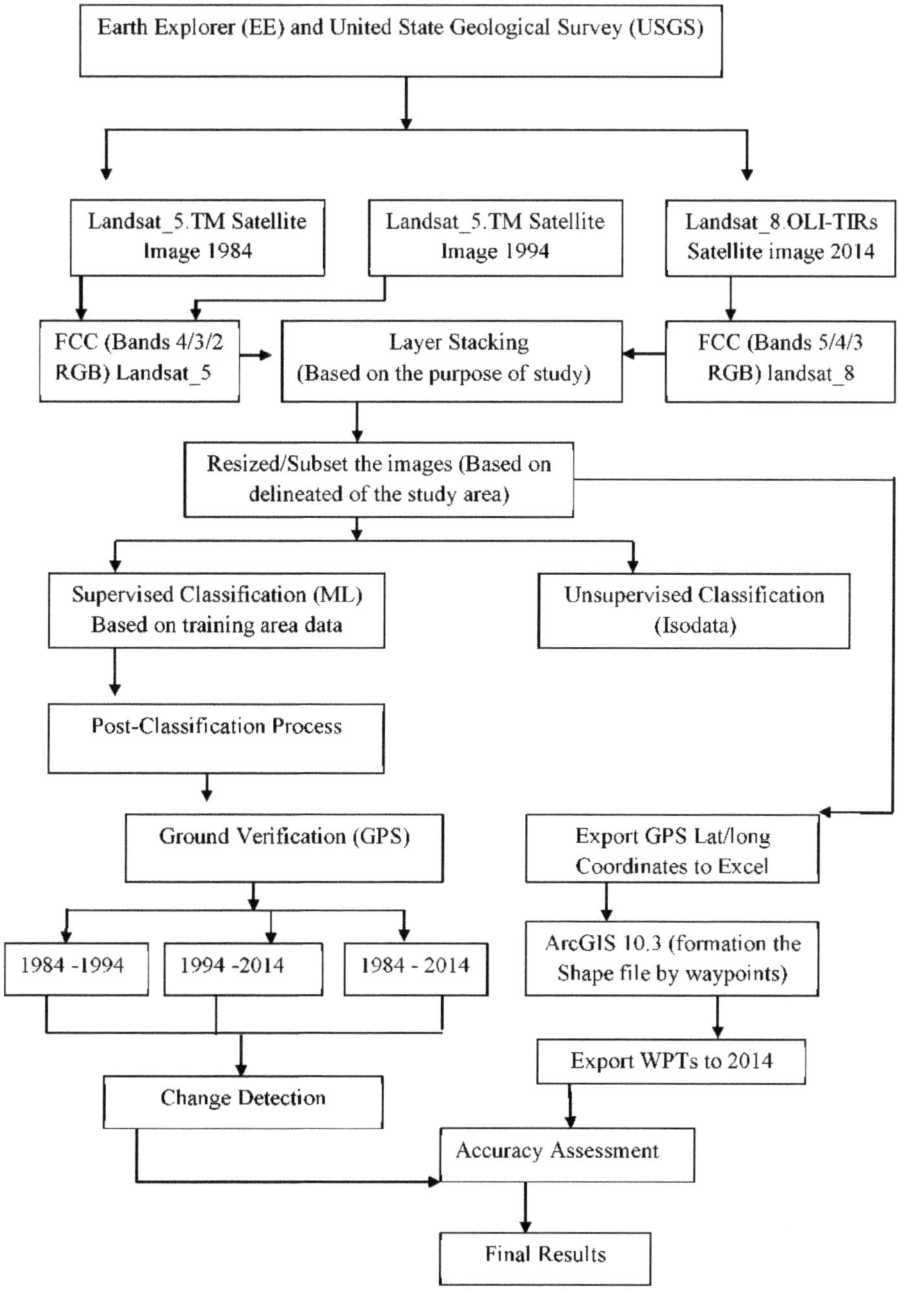

CAPÍTULO 4

RESULTADOS E DEBATES

4.1 . A classificação da ocupação do solo - 1984

O local de estudo foi definido para ter quatro classes de uso e ocupação do solo, que são: solo arenoso, solo argiloso, cobertura vegetal e recurso hídrico.

A classificação da cobertura do solo para 1984 a partir da imagem de satélite 5 TM (Fig. 3.4) mostrou que a maior parte da área de estudo estava coberta por vegetação, representando (52,1%) (510,6 Km^2), seguida de solo argiloso (27,5%) 270,4 Km^2 , enquanto o solo arenoso e os recursos hídricos totalizavam cerca de (19,1%) 187,4Km2) e (1,3%) 12,9 Km2, respetivamente (Quadro 4.1 e anexo 6.2a).

Tabela.4 1: Extensão e percentagem das classes de ocupação do solo (1984)

LCC	**Area (km^2)**	**% of total area**
SS	187.4	19.1
CS	270.4	27.5
VC	510.6	52.1
WR	12.9	1.3
Total	981.3	100

Código: LCC= Classes de ocupação do solo, SS= Solo arenoso, CS= Solo argiloso, VC= Cobertura vegetal, WR= Recursos hídricos.

4.2 A classificação da ocupação do solo - 1994

A classificação da utilização e da ocupação do solo para 1994 a partir da imagem de satélite 5 TM (Fig. 3.5) mostrou que a maior parte da área de estudo estava coberta por vegetação, representando (45,4%) 445,1 Km2, seguida de argila arenosa (28,7%) 281,8 Km2, enquanto o solo argiloso e os recursos hídricos representavam cerca de (24,3%) 238,6 Km2 e (1,6%) 15,8 Km2, respetivamente. (Quadro, 4.2 e anexo 6.2b).

Tabela. 4.2: Extensão e percentagem das classes de ocupação do solo (1994)

LCC	**Area (km^2)**	**% of total area**
SS	281.8	28.7
CS	238.6	24.3
VC	445.1	45.4

WR	15.8	1.6
Total	981.3	100

4.3 A classificação da ocupação do solo - 2014:

Eventualmente, a classificação LU/LC para 2014 a partir da imagem de satélite OLI-TIRs (Tabela 4. 3 e apêndice 6.2c) mostrou que a área principal estava coberta com solo argiloso (41,1%, 403,4 Km^2) seguido de solo arenoso (29,1%, 284,7 Km^2), enquanto a cobertura vegetal era de cerca de 28,9% (283,8 Km) e o recurso hídrico era de 0,96% (9,4 Km2).

Tabela.4.3: Extensão e percentagem das classes de ocupação do solo (2014)

LCC	**Area (km^2)**	**% of total area**
SS	284.7	29.1
CS	403.4	41.1
VC	283.8	28.9
WR	9.4	0.96
Total	981.3	100

4.4 A deteção de alterações para o período de 1984-1994:

Foram gerados mapas de classificação para os trinta anos (Fig. 3.4) e a área de cada classe e as estatísticas de alteração para os dez anos estão resumidas no Quadro 4.4. De 1984 a 1994, a área de solo arenoso aumentou de forma insignificante, aproximadamente 9,4 km^2 , enquanto o solo argiloso diminuiu 3,2 km^2 , a cobertura vegetal diminuiu 6,5 km^2 e os recursos hídricos aumentaram 0,3 km^2 . O movimento de areia aumentou o solo arenoso porque, durante este período, houve uma seca grave que arruinou as culturas no Sudão (Hussein, **al el** 2006), o que levou ao aumento do movimento de areia que fez aumentar o solo arenoso. Embora a extensão dos recursos hídricos possa mudar de ano para ano devido à variação da precipitação e da temperatura, a variação da área dos recursos hídricos também se deve provavelmente à data de aquisição das imagens de satélite. abril de 1984, dezembro de 1994. No entanto, acredita-se que as pequenas flutuações da água estejam relacionadas com a variação dos níveis do Nilo Branco, dado o grande aumento da água.

Tabela 4.4: Resumo da classificação landsat e estatísticas de mudança de deteção para 1984 - 1994

LCC	**1984 (Km^2)**	**1994 (Km^2)**	**Relative changes 1984 – 1994 (Km^2/Year)**
SS	187.4	281.8	9.4

CS	270.4	238.6	- 3.1
VC	510.6	445.1	- 6.5
WR	12.9	15.8	0.3
Total	981.3	981.3	

4.5 A deteção de alterações para o período 1994-2014:

O período de 1994 a 2014 mostra que a área de solo arenoso aumentou de forma insignificante 0,15 km^2 /ano e a área de solo argiloso aumentou significativamente, 8,2 km^2 /ano. Durante este período, há uma clara remoção da cobertura vegetal 8,1 km^2 /ano aproximadamente, o que se reflectiu na área de solo argiloso. Devido a uma expansão dramática da agricultura mecanizada de sequeiro e as actividades florestais desempenham um papel importante na abertura de novas áreas que têm duplo benefício, ganhando uma nova terra agrícola fértil e ao mesmo tempo vendendo madeira no mercado local como material de construção ou lenha, a área de recursos hídricos aumentou 0,32 km^2 aproximadamente (Tabela 4.5).

Tabela 4.5: Resumo da classificação landsat e estatísticas de mudança de deteção para 1994 - 2014

LCC	**1994**	**2014**	**Relative changes 1994 – 2014 (Km^2/Year)**
	(Km^2)	**(Km^2)**	
SS	281.8	284.7	0.15
CS	238.6	403.4	8.2
VC	445.1	283.8	- 8.1
WR	15.8	9.4	0.32
Total	981.3	981.3	

4.6 A deteção de alterações para todo o período 1984-2014

Durante 30 anos, de 1984 a 2014, as áreas de solos arenosos aumentaram 3,3 km^2 /ano e os solos argilosos aumentaram 4,4 km^2 /ano, enquanto a área de cobertura vegetal diminuiu 7,6 km^2 /ano e os recursos hídricos diminuíram 0,12 km^2 /ano (Quadro 4.6 e anexo 6.2g). A areia desenvolve-se normalmente em regiões áridas e semi-áridas (Varoujan **et al.**, 2013). Em todo o período, as áreas de solo arenoso aumentaram continuamente como resultado da remoção contínua da cobertura vegetal, o que se reflecte claramente no aumento do solo argiloso. O aumento da areia é atribuído às areias móveis do norte do Cordofão Goz das dunas longitudinais ao longo de Wadi Abu Habil até às fronteiras do Nilo Branco e do Estado do Alto Nilo. (Apêndice 6.2d). O solo argiloso diminuiu em 1994 devido à diminuição drástica da cobertura vegetal, tendo depois aumentado acentuadamente em 2014 (apêndice 6.2c). Coincidiu com uma diminuição acentuada da cobertura vegetal e dos recursos hídricos (apêndice 6.1).

Tabela 4.6: Resumo da classificação landsat e estatísticas de mudança de deteção para 1984 - 2014

LCC	**1984**	**2014**	**Relative changes 1984 – 2014 (Km^2/Year)**
	(Km^2)	**(Km^2)**	
SS	187.4	284.7	3.3
CS	270.4	403.4	4.4
VC	510.6	283.8	- 7.6
WR	12.9	9.4	- 0.12
Total	981.3	981.3	

Para avaliar melhor os resultados das mudanças de classe de ocupação do solo, foram criadas matrizes de mudanças de ocupação do solo de 1984 a 1994, 1994 a 2014 e 1984 a 2014 (Tabela 4.7). Os dados desta tabela mostram que os pixels sem mudança estão localizados ao longo da diagonal maior da matriz. Os valores de conversão foram ordenados por área e listados em ordem decrescente. Estes resultados indicam que os aumentos de solos arenosos resultam principalmente da conversão da cobertura vegetal em solos arenosos durante o período de trinta anos 1984-2014 (Quadro 4.7c). Para o solo arenoso, cerca de 61,7 km^2 foram convertidos em solo argiloso e 50,5 km^2 de cobertura vegetal, enquanto 2,4 km^2 de recursos hídricos. A classe de solo argiloso 56,4 km^2 foi convertida em solo arenoso e 133,3 km^2 em cobertura vegetal e menos 0,11 km^2 em recurso hídrico. A classe de cobertura vegetal 152,5 km^2 foi convertida em solo arenoso e 96,3 km^2 em solo argiloso e 3,4 km^2 em recursos hídricos. O recurso hídrico contribuiu com um pouco de 0,02 km^2 transformado em solo arenoso, 0,05 km^2 em solo argiloso e 3 km^2 convertido em cobertura vegetal (Tabela 4.7a). Estes resultados mostraram que a classe de solo arenoso aumentou enquanto que, ao mesmo tempo, o solo argiloso e a cobertura vegetal diminuíram (anexo 6.2e).

A Tabela 4.7b mostra que 89,8 km^2 de solo arenoso foram convertidos em solo argiloso, 71,3 km^2 em cobertura vegetal e 1,3 km^2 transformados em recursos hídricos. Cerca de 76,4 km^2 da classe de solo argiloso foram transferidos para solo arenoso, 90,9 km^2 para coberto vegetal e 0,2 km^2 convertidos em recursos hídricos. Para a classe de coberto vegetal, um quarto dos 85,8 km^2 foram transformados em solo arenoso, mais de metade dos 241,1 km^2 foram transferidos para solo argiloso e uma pequena área de coberto vegetal (0,7 km^2) foi transformada em recurso hídrico. A classe recurso hídrico 2,97 km^2 transformou-se em solo arenoso, 1,5 km^2 em solo argiloso e 4 km^2 de água transformou-se em cobertura vegetal (Quadro 4.7b). Estes resultados indicam que o solo arenoso está a aumentar e que o maior incremento de solo argiloso ocorreu entre 1994 e 2014, ao mesmo tempo que a área de cobertura vegetal diminuiu drasticamente e o recurso hídrico aumentou (anexo 6.2f).

O quadro 4.7c mostra que 41,5 km^2 de solo arenoso foram transferidos para solo argiloso, 51,3 km^2 para coberto vegetal e apenas 0,6 km^2 passou a recurso hídrico. No caso do solo argiloso, 39,4 km^2 foram transferidos para solo arenoso e quase metade do solo argiloso (110,1 km^2) foi transferido para vegetação e uma quantidade muito pequena de argila (0,04 km^2) foi transformada em recurso hídrico. Relativamente ao coberto vegetal, um quarto dos 151,3 km^2 passou a solo arenoso, mais de metade dos 241,1 km^2 passaram a solo argiloso e 1,6 km^2 de vegetação passaram a recurso hídrico. Relativamente aos recursos hídricos, 0,6 km^2 passaram para solo arenoso, 0,04 km^2 passaram para solo argiloso e 1,6 km^2 passaram para vegetação (anexo 2g). O resultado final mostra que a classe de solo arenoso está a aumentar continuamente, tendo o maior aumento ocorrido entre 1984 e 1994, devido à conversão das áreas de cobertura vegetal em solo arenoso. Entretanto, os solos argilosos aumentaram particularmente nos períodos de 1994-2014 e 1984-2014, sendo que estes aumentos vieram também das áreas de cobertura vegetal, enquanto a cobertura vegetal diminuiu continuamente, particularmente no período de 1994-2014 e 1984-2014, devido ao corte excessivo de árvores e à falta de precipitação, e os recursos hídricos diminuíram em 1984-2014 (anexo 6.2h).

Quadro 4.7: Matrizes de ocupação do solo e alterações (km^2) de 1984 a 2014

LCC	SS	CS	VC	WR	Total
Table 4.7a			**1984-1994**		**1994 Total**
SS	72.9	56.4	152.5	0.02	281.8
CS	61.7	80.5	96.3	0.05	239.6
VC	50.5	133.3	258.4	3.00	445.1
WR	2.4	0.11	3.4	9.9	15.8
1984 Total	187.4	270.4	510.6	12.9	981.6
Table 4.7b			**1994-2014**		**2014 Total**
SS	119.5	76.4	85.8	2.97	284.7
CS	89.8	71.1	241.1	1.5	403.4
VC	71.3	90.9	117.6	4.00	283.8
WR	1.3	0.2	0.7	7.4	9.4
1994 Total	281.8	238.6	445.1	15.8	981.6
Table 4.7c			**1984-2014**		**2014 Total**
SS	93.9	39.4	151.3	0.03	284.7

CS	41.5	120.7	241.1	0.05	403.4
VC	51.3	110.1	116.6	5.7	283.8
WR	0.6	0.04	1.6	7.1	9.4
1984 Total	187.4	270.4	510.6	12.9	981.6

4.7 Classificação e precisão da deteção de alterações:

As matrizes de erro foram utilizadas para avaliar a exatidão da classificação e estão resumidas para todos os trinta anos na Tabela 4.8. As exactidões globais para 1984, 1994 e 2014 foram, respetivamente, 99,7%, 98,2% e 99,9%, com estatísticas Kappa de 99%, 97% e 99%. **As exactidões dos utilizadores e dos produtores das classes individuais foram consistentemente elevadas, variando** entre 76% e 100%. Em comparação com as classificações preliminares de seis classes no estudo anterior (Friedl **et al.**, 2005), as exactidões globais para as quatro classes diminuíram 1,5% em 1994 e aumentaram 1,7% em 2014, utilizando o procedimento de agrupamento guiado em vez de formação supervisionada. Além disso, o processamento pós-classificação aumentou a exatidão global em 7% - 8% em comparação com a classificação de cinco classes no estudo anterior (Bauer **et al.**, 2004).

Tabela 4.8: Resumo das exactidões de classificação do Landsat (%) para 1984, 1994 e 2014

LCC	1984		1994		2014	
	Producer's	User's	Producer's	User's	Producer's	User's
SS	100	99.9	99.7	97.4	100	100
CS	100	100	96.8	99.7	100	99.9
VC	100	94.2	99.1	76.1	100	100
WR	97.9	100	99.8	98.9	99.4	100
Overall accuracy	99.7		98.2		99.9	
Kappa statistic	99		97		99	

4.8 Avaliação da exatidão Matriz de classificação

4.8.1 Exatidão global

A precisão global é a precisão total da classificação que foi calculada dividindo o número total de pixels correctos (diagonal) pelo número total de pixels na matriz de erros.

O número total de pixels correctos = número de pixels de solo arenoso + solo argiloso + cobertura vegetal + recurso hídrico.

= 4372 + 1163 + 2386 + 1140 = 9061 pixéis

Número total de pixéis na matriz de erros = 9098 pixéis (quadro 4.7):

∴ Exatidão global = 9061 4- 9098 x 100 = 99,6%

Por outro lado, a precisão global é igual à soma dos elementos/classes ao longo da diagonal maior pelo número total de pixéis de referência.

Precisão do solo arenoso = número de pixéis do solo arenoso - **número total de pixéis**

Solo arenoso = 4372÷ 9098× 100 = 48,05%

Solo argiloso = 11634÷ 9098× 100 = 12,78%

Coberto vegetal = 23864÷ 9098× 100 = 26,25%

Recursos hídricos = 11404÷ 9098× 100 = 12,53%

∴ Exatidão global = 48,05 + 12,78 + 26,25 + 12,53 = 99,6%

Erro de comissão/ Precisão do utilizador: representa os pixels que pertencem a uma classe mas que são rotulados como pertencendo a outra classe. Este valor representa a probabilidade de um pixel classificado numa determinada categoria se encontrar efetivamente no solo (Quadro 4.8 e Quadro 4.10).

Precisão do produtor/Erro de omissão: representa os pixels que pertencem à classe verdadeira mas que não foram classificados na classe correcta. Obtém-se dividindo o número de pixels corretamente classificados em cada categoria (na diagonal maior) pelo número de pixels de referência que se sabe serem dessa categoria (o total da coluna). Assim, estes valores mostram até que ponto os pixéis de referência do tipo de cobertura do solo estão bem classificados (Tabela 4.7 e Tabela 4.8).

Coeficiente Kappa: uma técnica multivariada discreta utilizada na avaliação da exatidão. Kappa >0,80 representa uma forte concordância e uma boa exatidão, 0,40 - 0,80 está no meio, <0,40 é fraco (Quadro 4.9).

Tabela.4.9: Verdade terrestre (pixels e percentagem) 2014

LCC	**SS**	**CS**	**VC**	**W R**	**Row Total**
	pixels	pixels	pixels	pixels	Pixels
SS	4372	0.0	0.0	0.0	4372
CS	0.0	1163	1	0.0	1164
VC	0.0	0.0	2386	24	2415
W R	0.0	0.0	7	1140	1147
Column Total	4372	1163	2394	1164	9098

Exatidão global = (9061/9098) 99,6%

Coeficiente Kappa = 09

Quadro. 4.10: Erro da Comissão/exatidão do utilizador e exatidão do produtor/erro de emissão

Class	**Commission (Pixels)**	**Omission (%)**	**Commission (Pixels)**	**Omission (%)**
SS	0.00	0.00	0/4372	0/4372
CS	0.09	0.43	1/1164	5/1168
VC	1.20	0.33	29/2415	8/2394
WR	0.61	2.06	7/1147	24/1164
Class	**Prod. Acc. (%)**	**User Acc. (%)**	**Prod. Acc. (Pixels)**	**User Acc. (Pixels)**
SS	100	100	4372/4372	4372/4372
CS	99.57	99.91	1163/1168	1163/1164
VC	99.67	98.80	2386/2394	2386/2415
WR	97.94	99.39	1140/1164	1140/1147

4.9 Classificação não supervisionada:

O número de classes que foram classificadas é de quatro classes e agrupadas em classes de ocupação do solo que incluem solo arenoso, solo argiloso, cobertura vegetal e recursos hídricos (Fig.3.5). Quando a classificação foi concluída, surgiram muitas classes. Este facto torna a diferenciação entre as classes extremamente difícil e complicada. A realização desta classificação gerou alguns erros, especialmente na vegetação (Mohammed, 2009).

Esta classificação mostra os erros mais comuns relacionados com a complexidade da distinção entre água turbulenta, solos argilosos e vegetação. As áreas que aparecem como recurso hídrico podem ser solo argiloso ou cobertura vegetal exatamente no solo. Por conseguinte, esta classificação é muito difícil de classificar corretamente cada pixel da imagem. Esta sobrestimação de uma classe de terreno provoca a subestimação de outra classe no processo (Mohammed, 2009). Assim, os resultados são frequentemente imprecisos. No entanto, esta classificação é um passo importante para continuar com a classificação supervisionada.

4.10 Classificação supervisionada:

Foram utilizadas quatro classes através da aplicação ao processo da região de interesse (ROI). O método de máxima verosimilhança foi escolhido como método paramétrico. Após a conclusão da classificação, os resultados mostraram que a classificação supervisionada deu bons resultados para distinguir entre água turbulenta e tipos de solo (solo arenoso e solo argiloso) e vegetação. Estes resultados estão de acordo com os relatados por Mohammed (2009) e James **et al.**, (2009). Os resultados são mais exactos e coincidem com os encontrados no solo. A prova que torna este resultado verdadeiro é a elevada exatidão (99,6%) e o coeficiente Kappa (0,9) que foram obtidos exportando as coordenadas das classes de ocupação do solo que tinham sido recolhidas no terreno para a imagem recente.

4.11 As alterações no período completo

É notável que a área coberta por solos arenosos tenha registado um aumento contínuo durante todos os períodos. Os solos argilosos foram os mais baixos durante o ano de 1984 e aumentaram continuamente durante o período de 1994 a 2014 (Tabela 4.9 e apêndice 2h). As áreas cobertas por vegetação foram as mais elevadas no ano de 1984 (Tabela 4.1) e diminuíram continuamente durante os períodos de 1994 a 2014, apesar de os recursos hídricos terem aumentado. Estas alterações podem ser atribuídas à seca, às actividades humanas e à desflorestação. Os factores acima mencionados aceleraram a erodibilidade do solo, expondo a superfície do solo à erosão eólica e hídrica. Resultados semelhantes foram obtidos por Abu Baker e Dawood (2011, 2015), Mengistu e Salami (2007) e Deyanira (2003).

CAPÍTULO 5

CONCLUSÕES E RECOMENDAÇÕES

5.1 CONCLUSÕES:

Com base nos resultados do presente estudo, podem concluir-se as seguintes conclusões:

A deteção remota e o sistema de informação geográfica são formas rápidas e ferramentas poderosas para estudar as classes de ocupação do solo com grande eficiência.

A classificação não supervisionada deu resultados pouco claros sobre as classes de ocupação do solo, porque o processo começa com um número especificado de médias arbitrárias de clusters ou com as médias dos clusters nos dados.

Por outro lado, a classificação supervisionada forneceu melhores resultados porque depende do conhecimento prévio da área de estudo que foi adquirido ao visitar a área de estudo ou a partir de fontes externas de trabalho de campo.

A classificação não supervisionada é guiada automaticamente pelo computador, enquanto na classificação supervisionada o utilizador é responsável por guiá-la.

O aumento de areia na área indicou alguns sinais de degradação do solo.

5.2 RECOMENDAÇÕES:

Com base nas conclusões, podem ser recomendadas as seguintes medidas

1- Aumentar o nível de sensibilização da população local para os impactos negativos e os factores que causam a degradação dos solos é muito importante para a conservação do ambiente.

2- Devem ser efectuados mais estudos para identificar as fontes das areias rasteiras.

3- É necessária mais investigação para evitar as areias rasteiras e a degradação do solo.

Referências

Abu Baker H. M. Adam; Ismail M. F. Abdalla (2015). Densidade de florestas naturais permanece entre o comportamento não profissional na área de Shomadi, Renk, Estado do Alto Nilo. Jornal Internacional de microbiologia atual e ciência aplicada.4 (9): pp. 795-804.

Abu Baker H. M. Adam; H. Sulfab; A. Al haj; Mohamed A. dawood e Ismail. M. Fangama (2015). Impacto da agricultura mecanizada alimentada pela chuva em algumas propriedades físicas do solo argiloso, jornal de recursos naturais e meio ambiente 3(2): 21- 28. (6) 2015 ISSN 1683-6456.

Abu Baker A. M. Adam M. A. Dawood; I. M. Fangama, Salih, Abdelrahim.M (2011). Dinâmica das actividades humanas e seu impacto no uso e ocupação do solo (LULC) "Um estudo de caso da área de Shomadi no condado de Renk - Estado do Alto Nilo". Publicação em revista científica ISSN: 2276-7495.

Beinroth F.H. e H. Dummler. (1964) Soil survey report of proposed Mechanized Crop Production Scheme in Southern Gedaref District. B Abu Irwa. Soil Survey Division, Estação de Investigação de Gezira, Wad Medani, Sudão.

Blokhuis W.A. (1993). Vertisol na planície argilosa central do Sudão, Proc: 90-5435-0582.

Bork H.R. (1989) Soil erosion during the past millennium in Central Europe and its Significance within the geomorpho-dynamics of the Holocene. Suplemento Catena, (15): pp121-131.

Cablk M. E; B. Kjerfve; W. K. Michener e J.R. Jensen (1994). Impacto do furacão Hugo numa floresta costeira: Avaliação usando dados landsat TM. Geocarto internacional 2:15 -24.

Centro canadiano de teledeteção, recursos naturais, fundamentals of remote Sensing (http/ccrs.nrcan.gc.ca/resource/index e.php/tuto) **(2009).**

Centro de Sensoriamento e Processamento de Imagens Remotas (CRISP). Interpretação de imagens ópticas. **(2001).**

Planiswami. C; A.K. Upadyyay e H.P. Maheswarappa (2002). Spectral mixture analysis For subpixel classification of coconut, current science, Vol. 91, No.12, pp.1706-1711.

Deyanira L. Lujan (2003). Propriedades físicas do solo que afectam a erosão do solo em solos tropicais.

Departamento de Meteorologia (2015). Condado de Renk Estado do Alto Nilo - Sudão do Sul.

Dobson, E.L; J.R. Jensen; R.B. Lacy e F.G. Smith (1995). A land cover characterization Methodology for large area inventories (Metodologia de caraterização da ocupação do solo para inventários de grandes áreas). ACSM/ASPRS proceeding, pp. 786 - 795.

Eastman J. Ronald (2001). Guide to GIS and image processing, volume (1), Clark University.

FAO. (2005). Monitoring Land-Cover Changes: a comparison of change detection techniques (Monitorização das alterações da cobertura vegetal: uma comparação das técnicas de deteção de alterações).

Revista Internacional de Sensoriamento Remoto. 1999, vol. 20, no. 1, 139-152 ISSN 0143-116

FAO. (1997). Manual on Integrated Soil Management and Conservation Practices, FAO land and water bulletin 8 ISSN 1024-6703.

FAO/UNEP. (1999a). O futuro das nossas terras: enfrentar o desafio. Orientações para o planeamento integrado da gestão sustentável dos recursos terrestres. 71p.

FAO/UNEP. (1993b). Avaliações agro-ecológicas para o planeamento nacional: o exemplo do Quénia. FAO Soils Bulletin, 67, 154p.

Friedl M. A.; Mclver, D. K.; Hodges, J. C. F.; Zhang, X. Y.; Muchoney, D.; Strahler, A. H.; Woodcock, C. E.; Gopal, S.; Schneider, A.; Cooper, A.; Baccini, A.; Gao, F. e Schaaf, C. (2002). Global Land Cover Mapping from MODIS: algorithms and early results. Remote Sensing of Environment, 83: 287-302.

Gardener, L.R; W.K. Michener; Kjerfve, e D.A. Karinshak (1991). The geomorphic Effects of Hurricane Hugo on an undeveloped coastal landscape at north Inlet, South Carolina. Journal of Research 8: 181- 986.

Geospatial Multistate Archive and Preservation Partnership, GMAPP (2009). Serviço Geológico dos Estados Unidos.Geo MAPP.

Gisladottir G. e Stocking M.A. (2005). Land Degradation Control and its Global Environmental Benefits (Controlo da degradação das terras e seus benefícios ambientais globais). Em Land Degradation and Development 16:pp 99-112.

Gebreslassie. H (2014). Dinâmica LU/LC da bacia hidrográfica de Huluka, vale do Rift central.

Etiópia. International Soil and Water Conservation Research, Vol. 2, No. 4, 2014, pp. 25-33.

Harrison e Jackson (1958), Vertisol of the Sudan and agriculture in Sudan, Oxford, Londres, Reino Unido.

Hashim A. Dawoud (1972). Reconhecimento do levantamento semi-detalhado do solo do distrito de Goz Rum Renk, Província do Alto Nilo. Departamento de Levantamento de Solos, Wad Medani, Sudão.

Henery D. Foth (1990). Fundamentals of Soil Science 8th edition, Michigan State University.

James Bolarinwa; Oludayo E. Abiodun; Queen C. Igbokwe (2009). O estudo da deteção de mudanças no uso da terra usando dados de sensoriamento remoto na área da Península de Lakki, Lagos, Nigéria, no período de 1964 e 2003. Eliat, Israel, 3-8 de maio.

James R. Anderson; Ernest E. Hardy; John T. Roach; e Richard E. Witer (1976). A Land Use and Land Cover Classification System for Use With remote sensing data. United States Government Printing Office, Washington.

Janssen L.L.F. (1993). Metodologia para atualização de dados de objectos de terreno a partir de dados RS. A aplicação de dados landsat TM em relação a campos agrícolas. Tese (Ph.D) Universidade Agrícola de Wageningen. In Luis M. L. decarvaldo;

Jensen J. R. (2005). Introductory Digital Image Processing (3ª edição). Prentice Hall.

Jensen J.R. (2000). Remote Sensing of the Environment. An Earth Resource Perspective. Upper Saddle River, NJ, Prentice Hall. 544 pp.

Jensen J.R; D. Cowen J.D. Althausen; S. Narumalani e O. Weatherbee (1993). Uma avaliação do protocolo de deteção de alterações do Coast Watch na Carolina do Sul. Engenharia fotogramétrica e RS 59 (6): 1039 - 10116.

John S. Latham (2011). Land Cover Atlas of South Sudan. FAO, Viale delle Terme di Caracalla, 00153 Roma, Itália.

Klaus Tempfli; Norman K; Gerrit C. Huurreman e Lucas L.F. Janssen (2009). Princípio da deteção remota. An introductory textbook. quarta edição.

LaVerle Berry (2015). Sudão: um estudo sobre o país/Divisão Federal de Investigação, Biblioteca do Congresso. Quinta edição.

Lillesand T.M. e R.W. Keifer. (1994). Sensoriamento Remoto e Interpretação de Imagens. Terceira edição. John Wiley and Sons, Inc. Toronto.

Levin N. (1999). Fundaments of Remote Sensing, Laboratório de deteção remota, Departamento de Geografia, Universidade de Tel Aviv, Israel.

Lu D; Mausel P; Brondi'zio E e Moran E. (2004). Change detection techniques", International Journal of Remote Sensing, vol. 25, no. 12, pp. 2365-2407.

Macleod, R.D., e Congalton, R.G., (1998). A quantitative comparison of change detection algorithms for monitoring eelgrass from remotely sensed data. Photogrammetric Engineering & Remote Sensing, 64, páginas 207-216,

Mas Jeans (1999). Monitoring land-cover changes: a comparison of Change detection Techniques. Revista Internacional de Deteção Remota, Vol. 20, No.1, pp 139-152.

Mengistu D e Salami A. (2007). Aplicação de deteção remota e SIG na cartografia do uso/cobertura do solo e deteção de alterações numa parte do sudoeste da Nigéria. Afr. J. Environ. Sci. Technol. 1, 99-109.

Mermut A.R; G.S Daso; G.N Dowuona (1996). Morfologia do solo. Ciências Agrárias e Biológicas SP.89-114.

Mohammed. A. M. Zain (2009). A utilização da deteção remota na cartografia e caraterização de solos a nordeste de Rufaa, Estado de Gezira, Sudão. Dissertação de Mestrado. Dissertação de Mestrado. Universidade de Gezira. Sudão.

Muchonaey D.M. e B.N. Haack (1994). Deteção de alterações para monitorizar a deterioração florestal. Photogrammetric engineering and RS 60 (10): 1243 - 1251.

Mulder M.A. (1987). Aplicação da Deteção Remota aos Solos. Developments in Soil Science (15). Elsevier, Nova Iorque.

Natural Occasion Services NOS, (2015). Comparação de dados e mapas de ocupação do solo ao longo de um período de tempo, http://oceanservice.noaa.gov/facts/lclu.html.

NRMED FAO (2013). (Departamento de Gestão dos Recursos Naturais e Ambiente/Organização das Nações Unidas para a Alimentação e a Agricultura) Um quadro para a avaliação das terras.

Olsson H. (1995). Calibração de reflectância de dados TM para deteção de alterações florestais. Revista Internacional de RS 16(1) : 81 - 96.

Olaleye A. Olutayo; Ayoade O. Ogunkunle; Baij N. Singh; Festus O. Odeleye; Oyeyemi A. Dada; Bolarinwa A. Senjobi (2009). Composição elementar de duas cultivares de arroz sob um potencial tóxico Aquept e Aquent. Agricultura - **$tiin^a §i practica.** No. 3-4 (71- 72).

Paul R. Baumann (2010). Introdução à Deteção Remota, Universidade Estadual de Nova Iorque, Faculdade de Oneonta.

Reija H; Jorn L; Dongjun Y; Ping. Z (2012). Projeto de Planeamento da Gestão da Paisagem e Formação para o Ambiente no Condado de Renk do Norte do Alto Nilo, Sudão do Sul, Universidade de Helsínquia/VITRI.

Robert J.A. Jones e Luca Montanarella (eds.) (2003). Land Degradation in Central and Eastern Europe (Degradação das terras na Europa Central e Oriental). European Soil Bureau Research Report (10), EUR 20688 EN, 324 pp.

Sirois J. e F.J. Ahern (1989). Uma investigação de dados pontuais de HRV para detetar a mortalidade recente do escaravelho do pinheiro da montanha. Canadian Journal of RS 14 (2): 104 - 108.

Singh A (1989). Digital Change Detection Techniques Using Remotely Sensed Data. International Journal of Remote Sensing. 10 (6):pp. 989 - 1003.

Stephen E. Wood (2015). Introdução ao Sensoriamento Remoto, Universidade de Washington. Curso ESS 421.

Sulieman H. M. e Buchroithner M. F. (2006). Avaliação da limpeza e recrescimento da vegetação natural no sul do Sudão Gadarif utilizando a análise vetorial de mudança baseada em deteção remota e dados de campo. Universidade de Tecnologia de Dresden. 10, 01069. Alemanha.

Thornthwaite (1948). Uma abordagem para uma classificação racional das zonas climáticas no Sudão, Wad Medani- Sudão.

Tudor G.J; Shewry M.C; Mackey E.C; Elston D.A e Underwood F.M (1998). land cover change in Scotland. The methodology of the natural countryside monitoring scheme. Scottish Natural Heritage Research, Survey and Monitoring Report No 127.

UNCCD (2005). Oportunidades económicas nas terras secas ao abrigo da Convenção das Nações Unidas sobre Alterações Climáticas

Convenção de Combate à Desertificação. Documento de referência 1 para o segmento especial da 7ª Sessão da Conferência das Partes, Nairobi, 24-25 de outubro.

USDA-SCS (1987). Mecânica dos Solos. Nível 1. Módulo 3. Guia de estudo da classificação textural do USDA.

Projeto USGS Landsat (2004). Universidade de Maryland, http://landsat7.usgs.gov/index.php

Van der. Kevie W. (1976). Zonas Climáticas no Sudão Administração de Levantamento de Solos, Boletim No.27. Wad Medani- Sudão.

Varoujan K. Sissakian; Nadhir AL-Ansari; Sven Knutsson (2013). Eventos de tempestade de areia e poeira no Iraque. Nartural Science, Vol.5, No.10, 1084 - 1094.

Walsh S.J e P.A. Townsend (1995). Comparação de abordagens de deteção de alterações para avaliar o hidroperíodo de uma inundação reverie. Actas ACSM/ASPRS, pp. 134 - 143.

Whiteman A. J (1971). The Geology of the Sudan, Republic Laredo, press, Oxfords, UK.

Williams J. A (1992). Classificação da vegetação utilizando imagens Landsat TM e SPOT-HRV em terrenos montanhosos, Kananaskis Country, S.W. Alberta. Alberta Recreation and Parks, Kananaskis Country Operations Branch, Environmental Management. **WMO (2005)** Organização Meteorológica Mundial. No. 989. ISBN 92-63-10989-3

Xian G; Homer C e Fry J. (2009). Updating the 2001 National Land Cover Database Land Cover Classification to 2006 by Using Landsat Imagery Change Detection Methods, Remote Sensing of Environment, 113, 1133-1147.

Yyji, M, Ronald C. Estoque (2010). Fundamentos do Sistema de Informação Geográfica.

Zubair, O. Ayodeji (2006). Change Detection in Land Use and Land Cover Using Remote Sensing Data and GIS. Ilorin e os seus arredores no Estado de Kwara.

Apêndices

Appendix 6.1: El Renk Monthly Distribution of Rainfall (mm) over the period (1981 - 2010)

Year	Jan	Feb	Mar	Apr	May	Jun	Jul	Aug	Sep	Oct	Nov	Dec	Total
1981	0	0	4	5	63	52	329	72	89	18	0	0	631
1982	0	0	0	0	58	7	122	151	78	53	0	0	469
1983	0	0	0	0	4	88	77	23	140	2	0	0	334
1984	0	0	0	0	56	20	100	75	33	42	0	1	326
1985	0	0	0	0	43	137	90	114	104	11	0	0	498
1986	0	0	0	3	0	58	143	97	68	54	0	0	424
1987	0	2	0	0	22	44	80	68	87	41	0	0	343

1988	0	0	4	0	29	129	51	145	196	12	0	0	565
1989	0	0	5	0	146	110	103	65	59	107	8	0	602
1990	0	0	0	9	2	13	137	85	39	17	0	0	302
1991	0	0	0	5	44	14	172	134	45	68	0	0	482
1992	0	0	0	0	21	59	161	230	63	104	0	0	639
1993	0	0	0	2	44	67	144	107	72	47	12	0	495
1994	0	0	0	0	34	78	259	176	89	0	0	0	635
1995	0	0	0	27	27	106	41	124	81	46	0	0	452
1996	0	0	0	0	86	130	48	190	117	42	0	0	613
1997	0	0	0	2	11	109	181	146	48	66	51	0	613
1998	0	0	7	5	17	22	259	263	95	52	0	0	720
1999	0	0	0	0	44	54	71	234	95	105	0	0	602
2000	0	0	0	2	26	57	214	125	23	22	47	0	515
2001	0	0	0	0	22	104	87	111	20	4	1	0	349
2002	0	0	0	0	64	11	291	76	30	81	0	0	553
2003	0	0	0	0	17	57	124	97	102	57	12	0	466
2004	0	0	0	23	23	84	110	82	113	36	12	0	484
2005	0	0	0	2	7	159	113	197	147	44	0	0	669
2006	0	0	0	0	58	50	208	93	113	116	0	0	638
2007	0	0	0	14	46	61	350	85	55	52	3	0	665
2008	0	0	0	32	13	77	160	95	86	49	0	0	511
2009	0	0	0	0	13	115	152	124	45	59	0	0	507
2010	0	0	0	0	3	9	80	123	27	63	10	0	314

Fonte: Serviço Meteorológico do Sudão, Cartum.

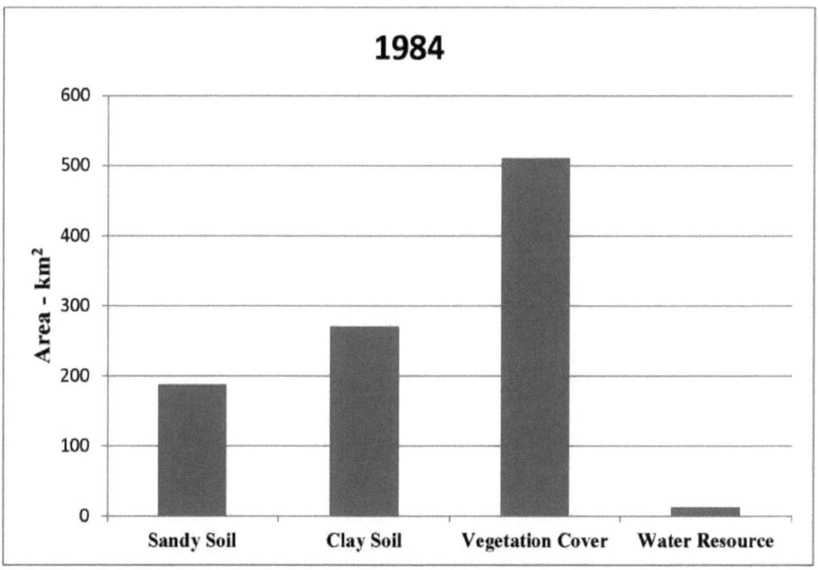

Apêndice 6.2a: As classes de ocupação do solo em 1984

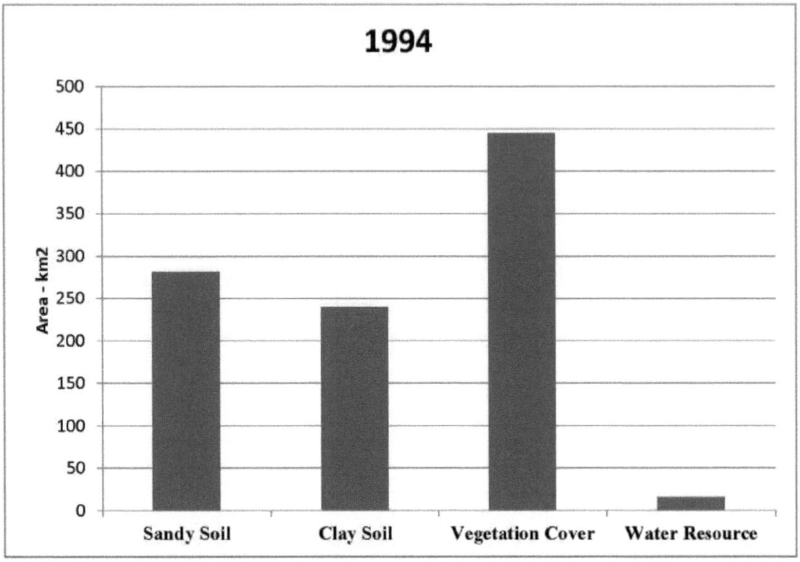

Apêndice 6.2b: As classes de ocupação do solo em 1994

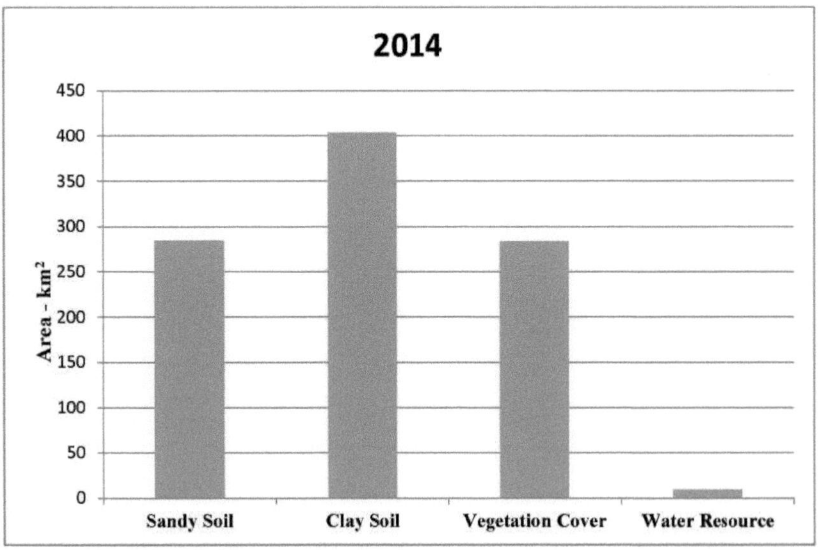

Apêndice 6.2c: As classes de ocupação do solo em 2014

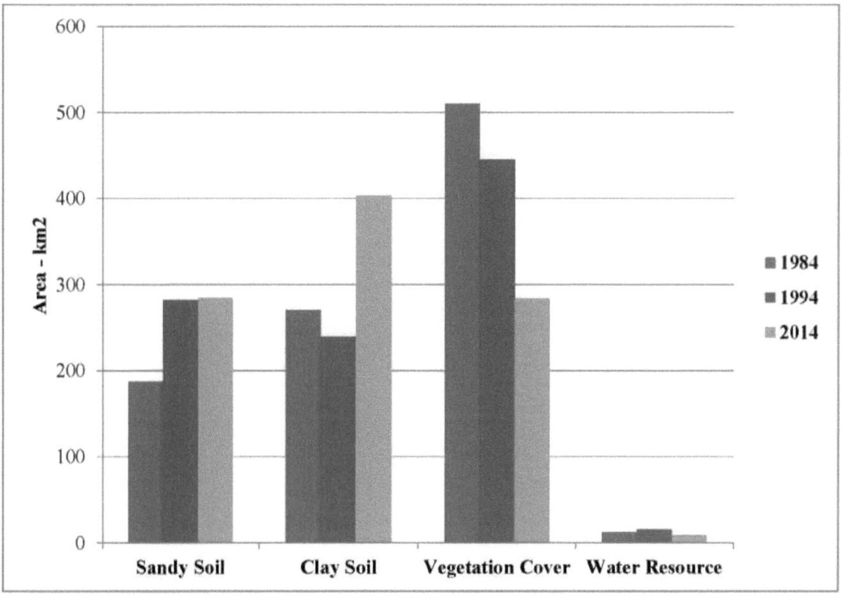

Apêndice 6.2d: As classes de ocupação do solo em todo o período de 1984, 1994 e 2014

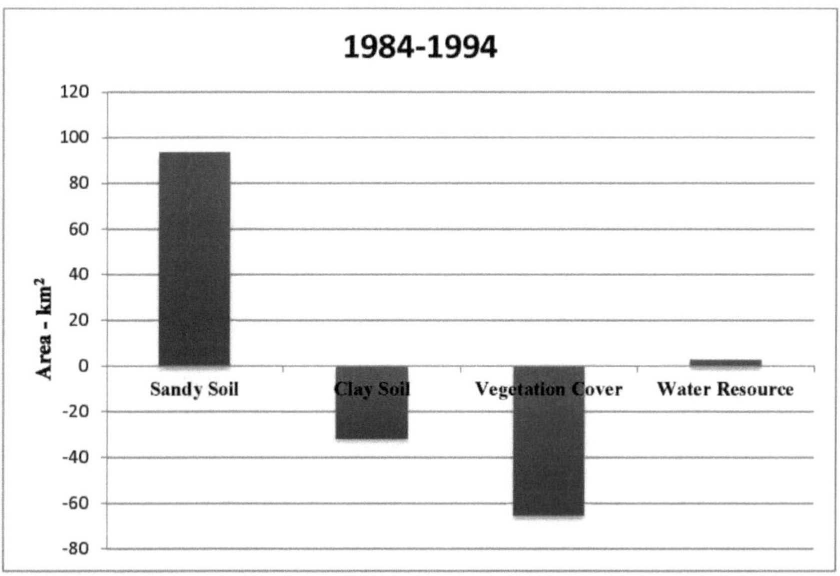

Apêndice 6.2e: A deteção de alterações nas classes de ocupação do solo em 1984 - 1994

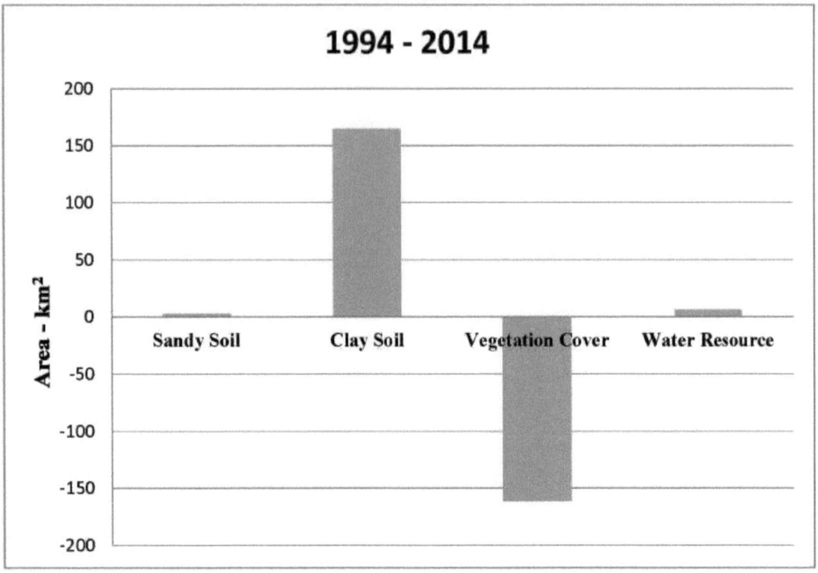

Apêndice 6.2f: A deteção de alterações nas classes de ocupação do solo em 1994 - 2014

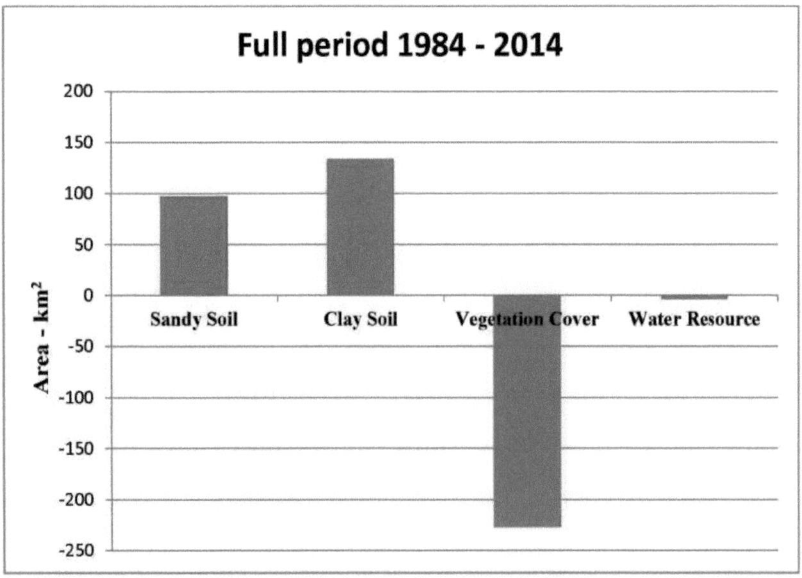

Apêndice 6.2g: A deteção de alterações nas classes de ocupação do solo em todo o período

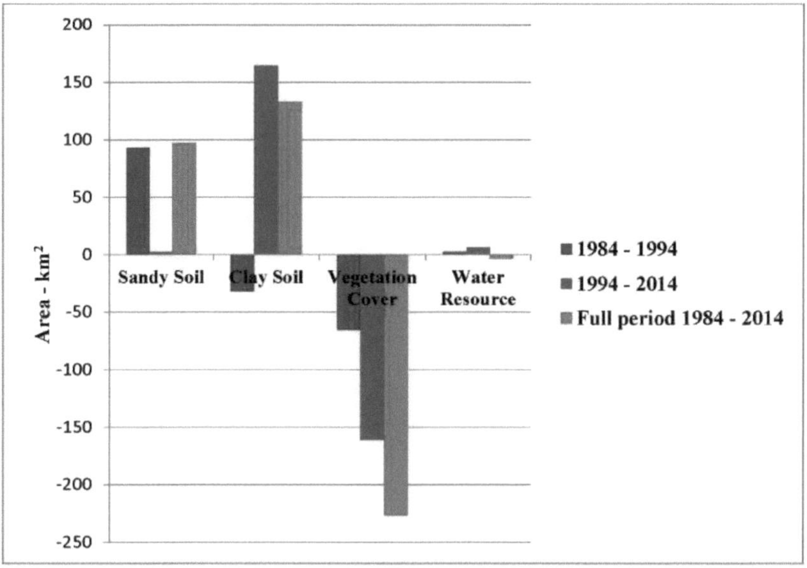

Apêndice 6.2h: A deteção de alterações nas classes de ocupação do solo em todo o período de 1984, 1994 e 2014

Acrónimos e abreviaturas

ARC	Agricultural Research Corporation Wad Medani, Sudan
ArcGIS	Aeronautical Reconnaissance Coverage Geographic Information System
CRISP	Centre for Remote Imaging Sensing and Processing
CS	Clay Soil
FCC	False Color Composite
EE	Earth Explorer
EMR	Electromagnetic Radiation
ENVI	Environment for Visualizing Images
ERDAS	Earth Resources Data Analysis System
FAO	Food and Agriculture Organization
GCPs	Ground Control Points
GIS	Geographical Information System
GMAPP	Geospatial Multistate Archive and Preservation Partnership
GPS	Global Positioning System

Isodata	Iterative Self Organizing Data Analysis Technique
Km^2	Square Kilometer
LC	Land Cover
LU	Land Use
NOS	Natural Occasion Services
NRMED	Natural Resources Management and Environment Department
MLC	Maximum Likelihood Classifier
MIR	Mid Infrared
NIR	Near Infrared
TIR	Thermal Infrared
OLI-TIRS	Operational Land Imager and Thermal Infrared Sensor
OM	Organic Matter
VC	Vegetation Cover
WR	Water Resource
WMO	World Meteorological Organization
W μm	Wavelengths Micro Meter
WPTs	Way Point Tracks
RS	Remote Sensing
RGB	Red, Green and Blue
SR m	Spectral Resolution Meter
SS	Sandy Soil
SWIR	Short Wave Infrared
TIR	Thermal infrared
TM	Thematic Mapper
UTM	Universal Transverse Mercator projection
UV	Ultraviolet
USGS	United States Geological Survey
UNEP	United Nations Environment Program
UN	United nation
UNCCD	United Nations Convention to Combat Desertification
USDA	United States Department of Agriculture

MIX
Papier aus verantwortungsvollen Quellen
Paper from responsible sources
FSC® C105338

Printed by Books on Demand GmbH, Norderstedt / Germany